QUE SAIS-JE ?

523.019 AUD

L'astrophysique nucléaire

JEAN AUDOUZE

Directeur de recherche au CNRS
Directeur du Palais de la Découverte

SYLVIE VAUCLAIR

Astrophysicienne à l'Observatoire Midi-Pyrénées
Professeur à l'Université Paul-Sabatier (Toulouse)
Membre de l'Institut universitaire de France

Quatrième édition mise à jour

22e mille

AF853730

AVANT-PROPOS À LA QUATRIÈME ÉDITION

L'astrophysique est, avec la biologie et les sciences de l'information, l'une des disciplines qui progressent le plus. L'astrophysique nucléaire ne fait pas exception par rapport aux autres domaines des sciences du ciel. Parmi les événements les plus marquants, signalons 1) la confirmation du succès de la nucléosynthèse primordiale qui se déroule pendant les événements désignés sous le nom de « Big Bang » ; 2) l'essor de l'astronomie gamma nucléaire qui permet déjà et permettra de plus en plus dans un proche avenir de « voir » directement les processus nucléosynthétiques en action.

Par ailleurs, l'astrophysique nucléaire fait maintenant alliance avec l'astrophysique des particules, qui utilise les résultats obtenus dans l'étude des plus profonds retranchements de la matière, vers l'infiniment petit. Concernant ce sujet, nous invitons le lecteur à consulter des monographies différentes de celle-ci qui se concentre sur l'évocation des processus nucléosynthétiques classiques dans l'Univers. Nous y décrivons la manière dont les éléments chimiques qui nous constituent ont été formés, lentement et patiemment, au cours du temps d'évolution cosmique et principalement dans les étoiles, matrices fondamentales de la matière universelle.

Nous tenons à remercier M. Kamil Fadel, physicien au Palais de la Découverte, ainsi que Mlle Fabienne Ferdinand qui nous ont apporté leur aide dans la révision de cette édition.

Jean Audouze et Sylvie Vauclair.

ISBN 2 13 053300 0

Dépôt légal — 1re édition : 1972
4e édition mise à jour : 2003, septembre

© Presses Universitaires de France, 1972
6, avenue Reille, 75014 Paris

INTRODUCTION

Si l'astronomie, qui traite de la position des astres, est la plus ancienne des sciences (on a retrouvé des observatoires chez les Chaldéens et d'autres civilisations antiques), l'astrophysique, qui a pour objet l'étude de leurs propriétés physiques, ne date en revanche que du début du siècle (travaux de Schwarzschild et Emden (1906) et Eddington (1916) sur la constitution interne des étoiles).

L'astrophysique nucléaire, qui met en évidence les liens étroits entre la physique nucléaire et l'astrophysique, a pris naissance en 1938 (travaux de Bethe et Weizsäcker). Son développement, depuis cette date, est impressionnant : la physique nucléaire ne se contente pas d'expliquer d'où provient l'extraordinaire énergie emmagasinée dans le Soleil et les étoiles, et l'évolution de ces astres au cours du temps, mais explique aussi l'origine des éléments chimiques qui composent notre monde actuel.

Évoquons l'émerveillement de Camille Flammarion[1] devant la puissante énergie de l'astre du jour :

Il n'est pourtant pas impossible d'exprimer cette merveilleuse puissance, mais on peut avouer sans honte qu'il est impossible de la comprendre. La chaleur émise par le Soleil à chaque seconde est égale à celle qui résulterait de la combustion de onze quatrillions six cent mille milliards de tonnes de charbon de terre brûlant ensemble.

1. Camille Flammarion, *Astronomie populaire,* G. Maugeon et E. Flammarion édit., 1880.

Cette même chaleur ferait bouillir par heure deux trillions neuf cent milliards de kilomètres cubes d'eau à la température de la glace.

Essayez de comprendre !... Que la fourmi essaye de boire l'Océan !

Ce qui semblait incompréhensible à Flammarion peut être expliqué aujourd'hui grâce au prodigieux développement de la physique nucléaire. Il est évident que l'énergie solaire ne peut être due à une simple combustion chimique des atomes : dans ce cas, notre Soleil aurait disparu depuis longtemps.

La découverte de l'énergie nucléaire s'est faite en deux grandes étapes :

- une étape théorique : énoncé par Einstein, en 1905, du principe d'équivalence de la masse et de l'énergie ($E = mc^2$), conséquence de sa théorie de la Relativité Restreinte ;
- une étape expérimentale : mise en évidence, vers 1917, du « défaut de masse » des noyaux d'atomes, grâce au « spectrographe de masse » de F. W. Aston.

On supposait alors, d'après l'idée de P. Langevin, que les noyaux étaient des assemblages de protons (noyaux d'hydrogène). Or Aston découvrit que, par exemple, la masse d'un noyau d'hélium qu'il croyait être formé de quatre protons était inférieure à la somme des masses de ces quatre protons ! On sait maintenant, depuis Chadwick (1932), qu'un noyau d'hélium est formé de deux protons et de deux neutrons (particules neutres de masse sensiblement égale à celle des protons). En fait la masse d'un noyau d'hélium est réellement inférieure à la somme des masses des deux protons et des deux neutrons qui le composent. D'après l'équivalence de la masse et de l'énergie, on déduit que ce « défaut de masse » correspond à « l'énergie de liaison » des protons et des neutrons à l'intérieur du noyau. Imaginons qu'on puisse former un noyau d'hélium directement à partir de ses quatre composants. La différence entre la somme des masses des quatre particules initiales et la masse de la particule finale sera libérée sous forme d'énergie : c'est cette énergie nucléaire qu'on espère utiliser dans les réacteurs à fusion contrôlée. De même, si on veut détruire un noyau d'hélium, il faut lui apporter une énergie au moins égale à son énergie de liaison. On a pu ainsi calculer précisément l'énergie de liaison de tous les noyaux connus.

Pour la première fois en 1938, deux physiciens : H. Bethe aux États-Unis et C. von Weizsäcker en Allemagne, ont appliqué ces résultats à l'astrophysique, en découvrant une première chaîne de réactions nucléaires pouvant se produire à l'intérieur des étoiles. Depuis lors, de nombreux astrophysiciens et physiciens nucléaires ont étudié ensemble l'évolution des étoiles, et ont cherché à expliquer la présence de tous les éléments chimiques que l'on peut observer dans la matière qui nous entoure. Citons par exemple les études de G. Gamow (1950) sur l'origine de l'univers et les réactions nucléaires qui ont pu se produire au « commencement des temps » ; celles de E. M. et G. R. Burbidge, W. A. Fowler et F. Hoyle (1957), A. G. W. Cameron (1955), E. E. Salpeter (1954), etc., sur les réactions nucléaires à l'intérieur des étoiles ; enfin celles de W. D. Arnett, J. W. Truran, etc., sur les réactions explosives.

Dans cet ouvrage, nous esquissons l'histoire de la formation des éléments chimiques, donc de la matière constituant le monde observable. La physique nucléaire fixe les règles de cette histoire. Les plus importantes de ces règles sont les règles de stabilité, d'équilibre, de conservation d'énergie, règles liées à la nature nucléaire ou électrique des forces agissant sur la matière. Ces lois sont maintenant suffisamment bien connues et démontrées pour que les mécanismes de nucléosynthèse qui en résultent ne puissent pas être taxés d'imaginaires.

Nous verrons que la nucléosynthèse, c'est-à-dire la synthèse des éléments chimiques les uns à partir des autres, se déroule surtout dans les étoiles, d'une part pendant les phases calmes de leur évolution, d'autre part pendant l'explosion des plus massives d'entre elles (supernovae). Quelques éléments légers (une partie du lithium, le béryllium, le bore) sont formés par l'action des rayons cosmiques sur les atomes de matière raréfiée qui remplissent l'espace interstellaire, alors que d'autres éléments (le deutérium, l'hélium et une autre partie du lithium) ont été formés dès les premiers instants de l'Univers, au cours de sa phase primordiale.

Chapitre I

L'ÉVOLUTION DE LA MATIÈRE

I. – Les observations

Nous vivons sur une planète, la Terre. Cette planète gravite autour d'une étoile, le Soleil. Le Soleil lui-même fait partie d'un ensemble d'étoiles appelé la Galaxie. Il existe tellement de galaxies dans l'univers qu'il est impossible de les dénombrer. Elles sont généralement regroupées en « amas de galaxies » qui sont eux-mêmes distribués, d'une manière non uniforme, dans ce que l'on appelle les « Grandes Structures de l'Univers ».

Une galaxie est constituée d'une dizaine à plusieurs centaines de milliards d'étoiles. Notre propre Galaxie a la forme d'un disque. Dans 1 g il y a environ 10^{24} atomes (nombre d'Avogadro) : une galaxie typique est donc composée d'environ 10^{58} atomes. On a dénombré quelques milliards de galaxies. La masse de l'univers observable est donc de l'ordre de 10^{55} g.

Notre Galaxie est constituée de cent à deux cents milliards d'étoiles et d'énormes nuages de gaz. Elle a la forme d'un. disque de 30 000 parsecs[1] de diamètre et d'environ mille parsecs d'épaisseur. Ce disque n'est pas rempli de faon homogène : les étoiles et le gaz interstellaire sont répartis sous forme de « bras spiraux », c'est-à-dire de structures qui s'enroulent au-

1. 1 parsec = 3,2 années-lumière = $2{,}326 \times 10^{18}$ cm.

tour du centre de la Galaxie et qui tournent autour de lui avec une périodicité d'environ cent milliards d'années. Notre Galaxie appartient donc de ce fait à la catégorie des « galaxies spirales » qui regroupe plus de la moitié des galaxies observées. Le Soleil est dans le disque et occupe une position relativement excentrée, à 10 000 parsecs du centre. Le disque galactique dont 95 % de la masse est sous forme d'étoiles et les 5 % restants sous forme de gaz se trouve à l'intérieur d'un « halo » de forme sphérique et de grande dimension (plus de 100 000 parsecs de rayon). C'est à l'intérieur du halo que les 200 « amas globulaires » (rassemblements sphériques de près d'un million d'étoiles les plus âgées de la Galaxie) orbitent autour du centre de notre Voie lactée. Ce halo se prolonge par de grandes masses de gaz qui ne sont observables que par la radio astronomie.

Le Soleil ne fait pas partie d'un amas. Son rayon est de 700 000 km, sa masse de 2×10^{33} g, sa densité moyenne de 1,5 $g.cm^{-3}$ [1] (comparable à celle de la glycérine) et sa luminosité de 4×10^{33} $erg.s^{-1}$ (ou encore 40×10^{26} W). À titre de comparaison, rappelons que la Terre a un rayon de 6 400 km, une masse de 6×10^{27} g et une densité de 5,5 $g.cm^{-3}$.

De l'autre côté de l'échelle, c'est-à-dire vers l'infiniment petit, la matière est constituée d'atomes. Les atomes ont une dimension de l'ordre de 10^{-8} cm (un angström ou un dixième de nanomètre) (densité moyenne de 0,2 à 50 $g.cm^{-3}$). Ils sont constitués d'un noyau positif entouré d'électrons négatifs. Le noyau, constitué de protons (de charges positives) et de neutrons (de charge nulle), a des dimensions de l'ordre de 10^{-13} cm (un fermi). (La densité du noyau est de

1. $g.cm^{-4}$ signifie grammes par centimètre cube.

l'ordre de 4×10^{14} g.cm^{-3}.) La matière se présente donc sous forme de petits points extrêmement pesants mais disposés de façon très lâche (et ce en raison des forces électrostatiques qui régissent le mouvement des électrons autour du noyau). Les protons et les neutrons (nucléons)[1] eux-mêmes ne sont que deux membres de la famille des particules élémentaires. De l'Antiquité jusqu'au XIXe siècle, on pensait que les atomes étaient les plus petits éléments indivisibles dont est faite la matière. Ce rôle est maintenant dévolu aux particules élémentaires. En fait les protons et les neutrons sont eux-mêmes constitués de particules encore plus « élémentaires », les « quarks », dont la charge électrique est ± 1/3 ou 2/3 de celle du proton ou de l'électron. Il faut trois quarks pour faire un proton ou un neutron et deux quarks pour faire un méson pi ou un kaon.

Le tableau 1 (page suivante) présente dans sa première partie la liste des particules élémentaires les plus couramment rencontrées en astrophysique avec leurs caractéristiques principales (charge électrique, masse, durée de vie[2]) ainsi que la loi de mécanique statistique à laquelle elles obéissent : les bosons sont des particules qui peuvent se trouver en nombre indéfini dans le même état d'énergie et au même lieu alors que les fermions obéissent au principe d'exclusion de Pauli : deux fermions au plus se trouvent dans le même état. Les masses des particules élémentaires sont données en méga-électrons-volts, ce qui est en fait une unité

1. Les nucléons représentent l'ensemble des protons et des neutrons.

2. La durée de vie ou « vie moyenne » d'une particule instable est le temps moyen au bout duquel elle se désintègre.

d'énergie[1]. La deuxième partie du tableau montre l'équivalence entre la famille des quarks qui relèvent de l'interaction nucléaire forte et celle des leptons

Tableau 1. – **Les particules élémentaires de l'astrophysique**

A) *Les particules les plus courantes*

Nom	*Symbole*	*Charge*	*Masse (MeV)*	*Durée de vie moyenne (s.)*	*Catégorie* (¹)
photon	γ	0	0	stable	B
bosons électro-faibles	Zo	0	91 000	très courte	B
	$W_\pm$	$\pm$ e	80 000	–	B
gluon	g		?		B
leptons :					
électron	e	$\pm$ e	0.511	stable	F
neutrino	γ	0	?	stable	F
muon	μ	$\pm$ e	106	$2\ 10^{-6}$	F
méson pi	π_0	0	140	$3\ 10^{-8}$	B
	$\pi_\pm$	$\pm$ e	135	$9\ 10^{-17}$	B
nucléons :					
proton	p	+ e	938	stable	F
neutron	n	0	940	900	F

(¹) B = boson ; F = fermion.

1. Ceci s'explique par le principe d'équivalence de la masse et de l'énergie, exprimé par la relation d'Einstein :

$E = mc^2$ (cf. p. 4)

c étant une constante (la vitesse de la lumière), il revient au même d'exprimer les masses en grammes ou en électrons-volts. Un électron-volt est défini comme l'énergie d'un électron placé dans un potentiel d'un volt. Une énergie de 1 MeV correspond à une masse de $1{,}76 \times 10^{-27}$ g.

qui obéissent à l'électromagnétisme et à l'interaction nucléaire faible (les quarks sont les briques élémentaires des mésons et des nucléons qui composent les noyaux d'atomes). Cette équivalence est le fondement de la théorie de la Grande Unification qui regroupe les deux interactions nucléaires (forte et faible) et l'électromagnétisme.

B) *Équivalence entre les leptons et les quarks*
(dans le cadre de la théorie de la Grande Unification)

Famille	*I*	*II*	*III*	*Charge*
lepton	e (électron)	μ (muon)	τ (tau)	– 1
neutrinos	ν_e	ν_μ	ν_t	0
quark	u (up)	c (charmed)	t (top)	+ 2/3
	d (down)	s (strange)	b (bottom)	– 1/3

Abondance des éléments dans l'univers.

A) *Méthodes de détermination.* – Il existe de nombreux moyens de déterminer les abondances des divers éléments chimiques existant actuellement dans l'univers, soit directement (matériaux terrestres, lunaires, météoritiques), soit par l'interprétation des spectres stellaires.

Cette dernière méthode est fondamentale en astrophysique : elle permet en effet d'estimer la composition chimique de la surface des étoiles. Elle est fondée sur la théorie du modèle quantifié de l'atome. L'atome est un noyau autour duquel gravitent un certain nombre d'électrons. On sait que ces électrons ne peuvent pas avoir des énergies quelconques : ils doivent se trouver sur une série d' « orbites » correspondant à des énergies bien déterminées. De plus, d'après le principe d'exclusion de Pauli[1], il ne peut y avoir plus d'un certain nombre d'électrons sur chacune des orbites électroniques : pour les atomes, en particulier les plus simples, il peut y avoir deux électrons sur la première orbite (la plus proche du noyau), huit sur la seconde, etc. Il est relativement facile pour un électron de la couche périphérique d'un atome (la moins liée au noyau) de « sauter » sur une orbite plus éloignée qui n'était pas encore occupée. On dit alors que l'atome est « excité ». Il suffit pour cela de lui fournir une énergie exactement égale à la différence d'énergie des deux orbites, sous forme de rayonnement par exemple. Mais l'atome excité n'est pas stable : l'électron a tendance à retourner sur son orbite initiale (« niveau fondamental »), en émettant un rayonnement de longueur d'onde déterminée : si E_1 est l'énergie correspondant au niveau fondamental, E_2 l'énergie correspondant au niveau excité et ν la fréquence du rayonnement ($\nu = c/\lambda$, où c est la vitesse de la lumière et λ la longueur d'onde du rayonnement), on a :

$$E_2 - E_1 = h\nu$$

h est la constante de Planck.

Ainsi dans un « tube au néon », les atomes de néon sont excités par une forte différence de potentiel appliquée aux deux extrémités du tube. Ils se désexcitent en produisant un rayonnement caractéristique. Si on place un prisme devant la lumière d'un « tube au néon », on observe une série de « raies spectrales », de

1. Ce principe d'exclusion s'applique aux particules de spin demi-entier (électrons, nucléons...) et non aux particules de spin entier (photons, noyaux d'hélium 4). Le spin d'une particule est lié à la rotation de la particule sur elle-même.

longueur d'onde bien déterminée, correspondant au « saut » des électrons de diverses orbites à d'autres orbites plus proches du noyau. Le spectre observé ainsi est caractéristique d'un élément : on n'observe pas les mêmes raies dans le cas du sodium par exemple que dans le cas du néon.

Les atomes peuvent s'exciter en absorbant un rayonnement de même longueur d'onde que celui qu'ils sont capables d'émettre : à toute raie d'émission caractéristique d'un élément correspond une raie d'absorption de même longueur d'onde. Ce sont en fait ces raies d'absorption que l'on observe dans les étoiles. En effet, la température décroît du centre à la surface. Le rayonnement émis par les couches internes chaudes est donc absorbé par les couches externes plus froides.

Si on examine le spectre du rayonnement d'une étoile, on observe des séries de raies spectrales, dont on détermine la longueur d'onde. On peut ainsi, par comparaison avec les spectres caractéristiques des atomes mesurés au laboratoire, déterminer de façon convenable la composition chimique de la surface de l'étoile.

B) *Résultats : abondance des éléments dans l'univers.* Sur la Terre, on trouve 90 éléments[1] à l'état naturel (correspondant à 272 isotopes[2] stables et 55 instables[3]). On trouve les mêmes éléments dans les étoiles, plus, dans certaines étoiles froides, deux autres éléments radioactifs que l'on ne trouve pas sur terre, qui sont le

1. On appelle élément chimique un ensemble d'atomes ayant le même nombre d'électrons, donc un noyau de même charge. Des atomes ayant un noyau différent mais de même charge sont appelés isotopes. Un élément chimique regroupe généralement plusieurs isotopes différents.

2. *Ibid.*

3. On peut fabriquer artificiellement d'autres éléments plus lourds, dont la durée de vie est très courte.

technétium dont la durée de vie est d'un million d'années environ et le prométhium dont le noyau ne subsiste en moyenne que pendant dix-huit ans.

Les abondances des éléments observées sur la Terre ou les météorites sont différentes de celles observées

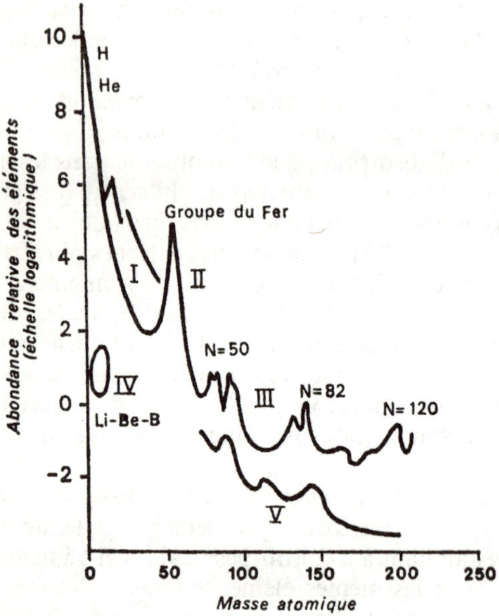

Fig. 1. – Courbe des abondances standard des éléments

L'abondance des éléments est représentée en fonction de leur masse atomique. On peut distinguer cinq régions. La région I des éléments de masse atomique inférieure à 50 dont l'abondance décroît très rapidement en fonction de l'énergie, dus à la fusion entre particules chargées ; la région II ou pic du fer dû à des processus d'équilibre ; la région III des éléments lourds qui sont synthétisés par des flux de neutrons ; la région IV des éléments Li-Be-B qui s'expliquent par des réactions de spallations ; la région V des éléments *p* (éléments lourds dont le noyau est relativement riche en protons).

dans le Soleil ou les autres étoiles. La Terre par exemple a une masse trop faible pour pouvoir retenir l'hydrogène et l'hélium dans son atmosphère, et ces éléments légers se sont évaporés au moment de leur formation. Ceci mis à part, la composition chimique du système solaire reflète bien les abondances observées généralement dans l'univers. On peut ainsi tracer la courbe dite « courbe des abondances standard » qui représente les rapports relatifs des éléments en fonction de leur masse atomique (fig. 1). Le tableau 2

Tableau 2. – **Abondance relative des éléments en nombre de masse**

Éléments		*Abondance en nombre de masse*
Hydrogène H		$7{,}1 \times 10^{-1}$
Hélium	D	10^{-4}
	^3He	6×10^{-3}
	^4He	$2{,}7 \times 10^{-1}$
Li, Be, B		10^{-8}
C, N, O, Ne		2×10^{-2}
Groupe de silicium (sodium à titane)		2×10^{-3}
Groupe du fer		2×10^{-4}
Groupe des éléments (63 à 100)		10^{-6}
Éléments lourds		10^{-7}

indique le pourcentage (ou abondance relative en masse des différents groupes d'éléments observés.

On peut faire sur la « courbe des abondances standard » les remarques suivantes :

1 / L'hydrogène et l'hélium sont de loin les éléments les plus abondants dans l'univers observable : ils re-

présentent à eux seuls environ 97 % de la masse de la matière.

2 / À mesure que la masse atomique A croît, la courbe montre une décroissance très rapide pour A inférieure à 50. Il existe quelques exceptions :

- le groupe lithium-béryllium-bore (Li-Be-B) est très nettement au-dessous de cette courbe ;
- quelques éléments légers dont la masse est un multiple de quatre se trouvent au-dessous de la courbe.

3 / On observe ensuite un pic dont le maximum correspond à A = 56 (fer).

4 / La courbe décroît ensuite beaucoup moins rapidement. Elle se sépare en deux parties : la courbe supérieure correspond à des éléments dont le noyau est relativement riche en neutrons, et la courbe inférieure à des éléments dont le noyau est relativement riche en protons.

Nous verrons dans cet ouvrage comment ces diverses caractéristiques, assez étonnantes à première vue, s'expliquent bien par la théorie de la nucléosynthèse stellaire.

Auparavant, nous évoquerons le cadre astrophysique du problème : origine de l'univers, formation, vie et mort des étoiles.

Si un très grand nombre d'étoiles, de galaxies et une grande partie de la matière ont une composition qui suit la courbe des abondances standard, il existe cependant de nombreuses et importantes exceptions. La plupart de ces exceptions s'expliquent par des effets nucléaires et sont souvent reliées à l'évolution chimique des galaxies (chap. VI). D'autres sont dues à des effets physiques :

1) L'abondance des métaux[1] dans les étoiles varie avec leur âge. Les étoiles les plus vieilles de notre Galaxie (celles du halo galactique) ont une abondance de métaux 10 à 100 fois plus faible que l'abondance solaire. Ceci peut être dû à l'enrichissement en métaux du gaz interstellaire au cours du temps (cf. chap. VI).

2) L'abondance des métaux peut varier d'une galaxie à l'autre (par exemple les nuages de Magellan, satellites de notre Galaxie, ont une abondance de métaux plus faible que notre Galaxie. Cet effet est peut-être dû à un taux de formation d'étoiles plus faible). De même, il est possible que l'abondance des métaux varie à l'intérieur d'une même galaxie (il y a plus de métaux dans les régions externes que dans les régions centrales de galaxies comme la nôtre).

3) Les rapports isotopiques de certains éléments peuvent varier d'une région à l'autre. Par exemple le rapport $^{13}C/^{12}C$ est 20 fois plus grand dans certaines étoiles géantes que dans le Soleil. Les rapports isotopiques de certains éléments (O, Ne, Mg) varient même à l'intérieur du système solaire.

4) La composition chimique des rayons cosmiques est très différente de la composition chimique « standard » : les métaux et les éléments Li, Be, B y sont beaucoup plus abondants par rapport à l'hydrogène que dans le Soleil. Ceci s'explique par des réactions de spallation (chap. V).

5) Les abondances des métaux dans la matière interstellaire sont, d'après les observations spectrosco-

1. En astrophysique, on appelle métaux les éléments de masse atomique supérieure à 4.

piques en ultraviolet, plus faibles que les abondances solaires. Ceci peut être dû à la présence de poussière solidifiée à partir de certains éléments réfractaires dans le milieu interstellaire.

6) Des groupes importants d'étoiles présentent des abondances de métaux très différentes des abondances solaires, par exemple, les géantes « au baryum », les géantes carbonées, et les groupes d'étoiles de séquence principale connues sous le nom d' « étoiles particulières ».

Dans ce dernier groupe d'étoiles, les abondances anormales sont dues non à des réactions nucléaires comme on le pensait auparavant, mais à des phénomènes de diffusion des éléments les uns par rapport aux autres dans les zones externes de l'étoile. Dans une étoile stable, les éléments diffusent vers la surface de l'étoile ou vers l'intérieur, suivant que la force due à la pression de radiation (qui tend à les pousser vers le haut) est supérieure ou inférieure à la force de gravité (qui tend à les faire « tomber »). La raison pour laquelle les effets de diffusion n'apparaissent pas dans toutes les étoiles, mais seulement dans le groupe d'étoiles dites « particulières », est due à leur différence de stabilité. Dans le Soleil, par exemple, les couches extérieures sont mélangées par convection jusqu'à une profondeur si grande que les effets de diffusion ne produisent pas de variations d'abondances observables par spectroscopie.

Il semble donc que les écarts à la courbe d'abondances standard peuvent en général trouver une explication satisfaisante. Il nous reste à rendre compte des caractéristiques de cette courbe, ce qui fera l'objet des prochains chapitres.

II. – L'évolution de l'univers

On appelle cosmologie la branche de l'astrophysique qui a pour objet l'étude de l'univers dans son ensemble. Cette discipline connaît actuellement un grand développement. Elle s'appuie principalement sur trois données observationnelles.

a) En étudiant l'analyse spectrale du rayonnement émis par les galaxies, on remarque un décalage de toutes les longueurs d'onde des raies d'absorption vers le rouge (ce qui correspond à une longueur d'onde plus élevée ou une fréquence plus faible). L'étude de ce phénomène a conduit en 1929 à l'énoncé de la loi de Hubble : « Le décalage vers le rouge du rayonnement émis par une galaxie est proportionnel à la distance de cette galaxie. » On attribue généralement ce phénomène à un effet Doppler[1], qui indique que les galaxies s'éloignent les unes des autres et donc que l'univers est en expansion[2]. Ceci ne signifie pas que nous sommes au centre de l'univers ! On constaterait le même effet à n'importe quel endroit de celui-ci. Cette uniformité de l'espace porte le nom de « principe cosmologique ».

1. On rappelle que si un objet, qui émet un rayonnement dans une longueur d'onde λ, s'éloigne de l'observateur à la vitesse v, le rayonnement subit un décalage en longueur d'onde $\Delta\lambda$, tel que :

$$\frac{\Delta\lambda}{\lambda} = \frac{v}{c}$$

où c est la vitesse de la lumière (à condition que v soit petit devant c).

2. En réalité, le décalage vers le rouge n'est pas exactement dû à l'effet Doppler, qui n'était qu'une première interprétation approximative. Plus précisément, la longueur d'onde de la lumière émise par une galaxie se dilate en suivant l'expansion de l'espace, ce qui conduit à un résultat similaire, au moins pour les galaxies proches.

b) La deuxième observation fondamentale a été faite tout à fait fortuitement, en 1965, par Arno Penzias et Robert Wilson[1], dans un laboratoire de la Bell Telephone. Company (États-Unis). Leur expérience originelle consistait en la mise au point d'une antenne radio. Ils ont détecté alors un rayonnement jusque-là inconnu, constant aussi bien dans l'espace que dans le temps. Ils ont calculé que ce rayonnement correspondait à une température d'environ trois Kelvin (ou degrés absolus). On s'accorde maintenant à penser que ce rayonnement est le résidu de l'explosion initiale qui a conduit à la formation de l'univers.

c) Enfin les observations des abondances de deutérium, hélium et lithium dans le milieu interstellaire, le Soleil et le système solaire, les étoiles et les galaxies ne peuvent se comprendre que s'il y eut une nucléosynthèse « primordiale » au cours des « premiers instants » de l'univers.

1. **La physique de la cosmologie.** – La cosmologie se fonde d'abord sur les observations qui viennent d'être évoquées ainsi que sur les quelques principes physiques que nous allons passer en revue. Les astrophysiciens font en effet l'hypothèse que l'univers dans son ensemble obéit aux lois de la physique déduite des expériences de laboratoire. La Relativité générale d'Einstein décrit le comportement de l'univers à grande échelle alors que la mécanique quantique rend compte du comportement du monde microscopique des particules. Par ailleurs, quatre interactions dites fondamentales gouvernent le comportement de la ma-

1. Prix Nobel de Physique 1978 pour cette découverte.

tière. Deux interactions ont des effets qui décroissent avec le carré de la distance ; il s'agit de la gravitation découverte par Newton et décrite maintenant par la Relativité générale et de l'électromagnétisme décrit par les lois de Maxwell. Les deux autres interactions sont dites nucléaires. Elles agissent sur des distances très petites inférieures à une limite appelée portée, de 10^{-13} cm pour l'interaction forte et 10^{-16} cm pour l'interaction faible.

Tableau 3. – **Caractéristiques des interactions fondamentales**

Interaction	*Portée*	*Intensité relative*	*Bosons de transfert*	*Exemple*
Gravitation	$1/r^2$ (Newton)	10^{-38}	graviton	mouvement des astres
Électro-magnétisme	$1/r^2$ (Coulomb)	1/137	photon	émission de lumière
Force nucléaire forte	10^{-13} cm	10	gluon	réaction nucléaire de fusion
Force nucléaire faible	10^{-16} cm	10^{-15}	$W^{\pm}$, Z_o	désintégration du neutron

Avant d'aborder la description à grands traits des premiers instants de l'univers, il faut se souvenir qu'à chaque particule correspond une antiparticule, de même masse que celle-ci. À une particule de charge plus correspond une antiparticule de charge moins. Si une particule rencontre son antiparticule, elles s'annihilent mutuellement, le produit de cette réaction étant tout simplement du rayonnement. Inversement, il est possible, à partir de rayonnement, de créer une « paire » particule-antiparticule. Par exemple, dans la collision entre un électron et un anti-électron (ou positron), les deux particules s'annihilent pour donner deux photons (quantum de lumière), et inversement il peut se créer une paire électron-positron à partir de deux photons.

Ces réactions de création et d'annihilation peuvent s'écrire :

$$\gamma + \gamma \leftrightarrow e^{+} + e^{-}.$$

Le photon a une masse nulle. On a donc ici un phénomène de création de matière à partir d'une énergie. On sait que la masse des électrons exprimée en unités d'énergie est de 0,5 MeV. Pour qu'un photon puisse donner un électron et un positron, il faut que son énergie E soit au moins supérieure à la somme des masses de l'électron et du positron, soit :

$$E_{\gamma} > 1 \text{ MeV}.$$

D'où l'intérêt d'exprimer les masses en unités d'énergie.

Un rayonnement est en général caractérisé par sa température (qui correspond à une certaine énergie thermique). Ainsi les astrophysiciens nucléaires ont pris l'habitude d'exprimer la température des rayonnements en unités d'énergie, de la même façon que les masses des particules. Une température d'un électronvolt correspond à environ 11 000 K.

Les antiparticules sont observées en très faible quantité dans l'atmosphère terrestre (grandes gerbes de rayonnement cosmique). Ceci vient du fait que notre monde est presque exclusivement formé de particules ; ainsi, lorsqu'une antiparticule se trouve être créée, elle a de fortes chances de rencontrer la particule correspondante très rapidement et d'être détruite (le positron, par exemple, ne peut vivre sur terre plus de 10^{-8} s).

À la suite du célèbre scientifique soviétique A. Sakharov, nous sommes convaincus aujourd'hui que l'univers est composé quasiment uniquement de matière et non d'antimatière. Au cours des premières phases de l'évolution de l'univers que nous retraçons ci-après, la matière s'est trouvée en quantité à peine plus grande que l'antimatière. Toute celle-ci s'est annihilée à une époque que l'on situe à 10^{-15} s après l'émergence de l'univers. La matière de notre univers résulte du résidu infime qui a subsisté après cette annihilation primordiale.

2. **L'évolution de l'univers lors de ses premiers instants.** – Dans l'état actuel de nos connaissances, on ne peut pas parler de création de l'univers il y a une quinzaine de milliards d'années mais plutôt de naissance ou d'émergence. Pendant un temps très bref de l'ordre de 10^{-44} s, dit temps de Planck, le principe d'incertitude d'Heisenberg nous interdit en effet d'accéder à la connaissance physique de l'univers. Les physiciens imaginent que, à cette époque qui marque la naissance de la matière à des températures inconcevables, les quatre interactions qui gouvernent son évolution étaient totalement unifiées. La très forte expansion de cette matière a conduit à son refroidissement et à un phénomène analogue au passage de la glace en eau que l'on désigne sous le terme de « transition de phase ». Cette transition de phase a été vraisemblablement induite par la différenciation de la gravité et des autres interactions. En libérant une grande quantité d'énergie, elle a contribué à accélérer davantage ce

mouvement d'expansion. On donne le nom d'« expansion inflationnaire » à ce processus décrit par plusieurs physiciens dont ses promoteurs A. Guth et F. Englert au début des années 1980.

C'est à cette époque (moins de 10^{-30} s après l'émergence de la matière que les quarks qui sont les constituants de la matière et de l'antimatière ont dû commencer à s'isoler et à coexister avec les électrons (et les particules de leur famille) ainsi qu'avec les neutrinos qui les accompagnent. Les cosmologistes pensent aussi que d'autres particules non nucléaires que l'on n'a pas encore détectées, mais dont on pressent l'existence, ont pu se former également à cette époque.

Après la disparition de l'antimatière, lorsque la température de l'univers a suffisamment baissé pour être de l'ordre de 10^{13} K, c'est-à-dire à une époque que l'on situe à un millionième de seconde environ, deux phénomènes indépendants se produisent : d'une part les quarks libres se lient entre eux (on dit qu'ils se « confinent ») grâce à la présence de particules, vecteurs de l'interaction nucléaire forte que l'on appelle gluons. Les nucléons (protons et neutrons formés de trois quarks) apparaissent enfin. Par ailleurs, l'électromagnétisme et l'interaction nucléaire faible responsable de la radioactivité bêta se découplent à ce moment-là.

L'annihilation entre les électrons et les positrons se produit à une époque située à la fin de la première seconde. Une centaine de secondes plus tard, la nucléosynthèse primordiale est alors consommée. Il faut attendre 300 000 ans pour que l'univers cesse d'être opaque à son propre rayonnement. Au moment où les électrons commencent à orbiter autour des protons et donnent naissance aux atomes d'hydrogène (à une température d'environ 3 300 K) il devient enfin visible. C'est alors qu'est émis le rayonnement qui en se dilatant est passé du rouge à celui des ondes radio. Les irrégularités (anisotropies) de ce rayonnement « fossile » ont été mesurées pour la première fois en 1992 par la sonde spatiale *Cobe*. De nombreuses missions plus précises (l'expérience ballon *Boomerang* en 2000 et les satellites américain *WMap* depuis 2001 et *Planck Surveyor* (européen) vers 2006) ont et vont donner des informations nouvelles concernant le déroulement de la phase primordiale de l'Univers (le Big Bang).

3. **La nucléosynthèse primordiale.** – C'est après environ 100 s que commencent à se former le deutérium, une grande partie de l'hélium et une partie du lithium 7 observés[1]. À cette époque, l'univers contient des protons, des neutrons et des électrons. L'énergie moyenne des photons est assez basse pour laisser subsister la liaison d'un proton avec un neutron : le deutérium[2] peut alors être formé par la réaction :

$$n + p \rightarrow \mathrm{D} + \gamma.$$

(Dans le cas ou l'énergie des photons est trop grande ($T > 10^{10}$ K), cette réaction ne peut se produire car la réaction inverse de photodésintégration détruit systématiquement le deutérium.)

1. Le lithium possède deux isotopes stables, le lithium 7 (le plus abondant dans la nature) dont le noyau comprend trois protons et quatre neutrons, et le lithium 6 dont le noyau comprend trois protons et trois neutrons.

2. Le deutérium D et le tritium T, respectivement de masse 2 et 3, sont les isotopes de l'hydrogène. Le deutérium est l'atome servant à la constitution de l'eau lourde. ^{3}He désigne l'isotope He de masse 3. Cette notation sera utilisée dans la suite.

Le deutérium se lie à son tour, soit à un proton pour donner de l'hélium 3, soit à un neutron pour donner du tritium :

$$D + p \rightarrow {}^3He + \gamma$$
$$D + n \rightarrow T \quad + \gamma.$$

Le tritium, dont la durée moyenne de vie est de douze ans, peut être ici considéré comme stable.

Ces réactions de formation de ^{3}He et T à partir du deutérium sont très rapides, et c'est à cause d'elles que le deutérium ne peut pas être formé, par exemple, dans les étoiles (chap. II). Dans l'univers primordial, la diminution rapide de température au cours du temps fait qu'il reste du deutérium formé par la réaction $n + p$ qui n'est pas détruit ensuite pour donner ^{3}He ou T[1]. Les calculs montrent que l'abondance de deutérium observée actuellement s'explique bien par nucléosynthèse à l'origine de l'univers, à condition d'imposer une contrainte sur la densité nucléaire de l'univers. D'après ces calculs, cette densité doit être de l'ordre de quelque 10^{-31} g.cm^{-3}, ce qui est environ trois à cinq fois plus important que la densité déduite de la matière visible. Depuis le printemps 2000, les astrophysiciens déduisent d'autres observations cosmologiques (expansion de l'univers, fluctuations du rayonnement fossile) que cette densité « nucléaire » ne représente que 3 % du contenu total de l'univers : il y existe considérablement plus de « matière sombre exotique » (actuellement inconnue !) que de matière semblable à celle dont nous sommes constitués.

Finalement l'hélium 3 et le tritium conduisent à l'hélium 4 par les réactions :

1. *Ibid.*

$$^{3}He + n \rightarrow {}^{4}He + \gamma$$
$$^{3}He + {}^{3}He \rightarrow {}^{4}He + 2p + \gamma$$
$$T + p \rightarrow {}^{4}He + \gamma$$
$$T + T \rightarrow {}^{4}He + 2n$$
$$T + D \rightarrow {}^{4}He + n.$$

Mais la chaîne de formation des éléments est alors partiellement bloquée. Il n'existe en effet aucun élément stable de masse 5 : la durée de vie du lithium 5 et de l'hélium 5 est de 10^{-21} s. La limitation est accrue par le fait que la température et la densité décroissent et donc que les conditions sont de moins en moins favorables aux réactions nucléaires[1]. Le lithium se forme ensuite par les réactions :

$$T + {}^{4}He \rightarrow {}^{7}Li + \gamma$$
$$^{3}He + {}^{3}He \rightarrow {}^{7}Be + \gamma$$
$$^{7}Be + e^{-} \rightarrow {}^{7}Li + \nu$$

On constate que, malgré leurs abondances très différentes, la formation du deutérium, de l'hélium et du lithium 7 s'explique avec la même densité « nucléaire » de l'univers de l'ordre de 10^{-31} $g.cm^{-3}$[2]. Ce résultat représente l'un des plus grands succès de la théorie du Big Bang.

Le reste des éléments légers est formé par la suite par un processus tout à fait différent : l'action des rayons cosmiques sur la matière interstellaire (chap. V). Les éléments lourds sont formés à l'in-

1. Comme nous le verrons au chapitre II, la probabilité qu'une réaction nucléaire ait lieu décroît très vite quand la température diminue.

2. Cette nucléosynthèse primordiale confirme de façon éclatante l'un des résultats les plus importants de la physique des particules : il y a autant de familles de quarks (caractéristiques de l'interaction nucléaire forte), que de familles de leptons (caractéristiques de l'interaction nucléaire faible), c'est-à-dire trois.

térieur des étoiles. L'hélium est aussi partiellement synthétisé au centre des étoiles, mais il provient pour sa majeure partie de cette phase primordiale : l'hélium stellaire ne représente en effet que 30 % de l'hélium actuellement observé dans l'univers.

III. – Nucléosynthèse stellaire

1. **Le diagramme d'Herztsprung-Russell.** – Malgré leur éloignement, l'observation optique des étoiles livre directement deux grandeurs physiques importantes : leur luminosité (que l'on exprime souvent en magnitude)[1] et la couleur du rayonnement qu'elles émettent (directement liée à leur température superficielle).

En 1911, Herztsprung, puis, en 1913, Russell ont découvert une façon extrêmement ingénieuse d'utiliser ces deux paramètres physiques. Les diagrammes qui portent leur nom se révèlent être les outils les plus puissants des astrophysiciens spécialistes des étoiles (fig. 2). On porte en abscisses la température superficielle (les étoiles les plus chaudes se trouvent être à gauche du diagramme) et en ordonnées la luminosité (les étoiles les plus lumineuses sont en haut du diagramme). Si l'on représente sur ce diagramme un échantillonnage quelconque d'étoiles, celles-ci ne se distribuent pas au hasard : 80 % d'entre elles se trouvent pratiquement sur une diagonale et constituent les « naines » de la séquence principale. Pour le reste, on

1. La notion de « magnitude » date des grecs anciens qui classaient les étoiles les plus brillantes en « première grandeur » et les autres en « deuxième grandeur, troisième grandeur, etc. ». Dans le langage moderne, on définit la « différence de magnitude absolue $M_1 - M_2$ » entre deux étoiles comme : $M_1 - M_2 = -2{,}5 \log L_1/L_2$, où L_1 et L_2 sont les luminosités des deux étoiles.

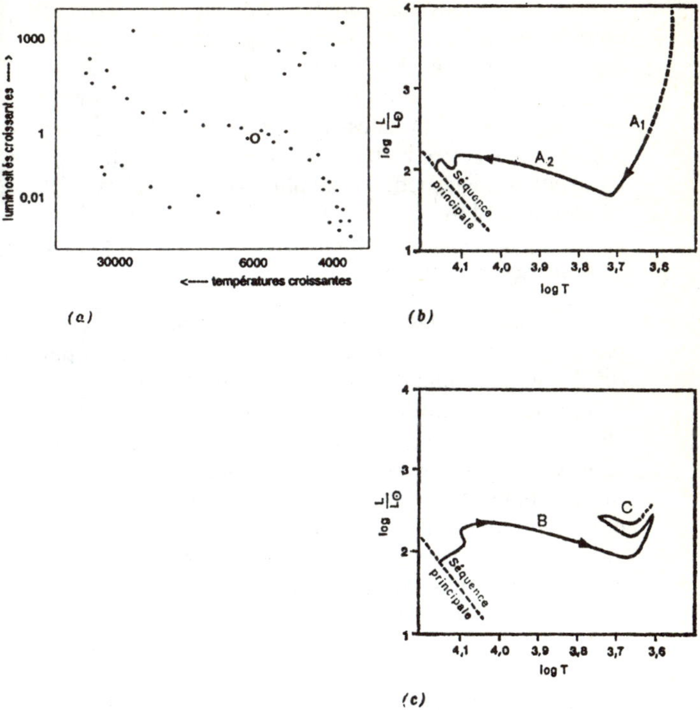

Fig. 2. – Diagramme d'Herztsprung-Russell

a) Diagramme H.R. expérimental. On distingue trois régions principales où se placent les étoiles : la séquence principale, la zone des géantes rouges *(en haut, à droite)*, et la zone des naines blanches *(en bas, à gauche)* ; *b)* Diagramme H.R. théorique : évolution d'une étoile ayant une masse trois fois supérieure à celle du Soleil, vers la séquence principale. L'étoile se contracte d'abord à température presque constante (chemin A_1), puis à luminosité presque constante (chemin A_2). Quand elle atteint la séquence principale, l'hydrogène commence à se transformer en hélium en son centre ; *c)* Diagramme H.R. théorique : évolution de la même étoile après son passage sur la séquence principale. La température croît jusqu'à ce que l'hélium commence à brûler au centre (chemin B). L'étoile se trouva alors dans la zone des géantes rouges (C).

trouve des étoiles très lumineuses et froides (donc de couleur rouge ou avoisinante) qui forment la population des géantes et des supergéantes, et des étoiles très chaudes mais peu lumineuses qui forment la population des naines blanches. Il existe donc dans ce diagramme des zones bien déterminées dans lesquelles se trouvent statistiquement la plupart des étoiles. Cela prouve que, dans ces régions de température et de luminosité, les étoiles évoluent lentement (en particulier la séquence principale).

2. **Évolution stellaire.** – Nous ne nous arrêterons pas à la formation proprement dite d'une étoile à partir du milieu interstellaire car ce problème est très complexe. Une étoile provient de la contraction d'une énorme masse de gaz interstellaire sous l'effet de sa propre force de gravitation. Pendant cette contraction, la densité augmente et les particules qui, au départ, tombaient en chute libre sont freinées progressivement par la pression de plus en plus forte qu'elles exercent les unes sur les autres. Au cours de cette étape, la « proto-étoile » continue à accumuler de la matière qui gravite autour d'elle. On dit qu'il y a « accrétion ». Parfois elle s'entoure d'un disque de poussières qui peut ensuite conduire à la formation de planètes.

Puis la contraction se ralentit, l'étoile s'échauffe en son centre et rayonne. On démontre en effet que la moitié de l'énergie gravitationnelle libérée au cours de cette contraction se transforme en énergie thermique, alors que l'autre moitié quitte l'étoile sous forme de lumière. Pendant ce temps, sur le diagramme d'Herztsprung-Russell (H.R.), le point figuratif de l'étoile se déplace d'abord avec diminution de la luminosité, puis la température superficielle augmente alors que la luminosité de l'étoile reste pratiquement constante. La durée de cette phase, pour une étoile comme le Soleil, est d'environ 10^7 ans. Il arrive un moment où la température et la densité au centre de l'étoile deviennent suffisantes (quelques millions de degrés et quelques grammes par centimètre cube) pour que des réactions nucléaires entre les noyaux d'hydrogène commencent à se produire. Pour que l'étoile soit en équilibre, il faut que les gains d'énergie soient égaux aux pertes :

énergie gravitationnelle + énergie nucléaire	⇔	pertes dues au rayonnement de l'étoile + pertes neutriniques

On caractérise les étapes de l'évolution stellaire par une succession de périodes pendant lesquelles, alternativement, l'énergie gravitationnelle ou l'énergie nucléaire est la principale source d'énergie. Pendant la durée de la combustion de l'hydrogène en hélium (dix milliards d'années pour le Soleil, beaucoup moins pour une étoile plus massive), le point figuratif de l'étoile sur le diagramme H.R. reste fixe : pendant cette combustion nucléaire les propriétés physiques du centre de l'étoile ne varient quasiment pas. Les étoiles sont alors sur la séquence principale. Quand une grande partie de l'hydrogène s'est transformée en hélium au centre de l'étoile (où la température et la densité sont les plus élevées), l'énergie nucléaire devient insuffisante pour compenser les pertes subies par l'étoile (dues au rayonnement et à la fuite des neutrinos). Le centre de l'étoile se contracte à nouveau pour libérer de l'énergie gravitationnelle, alors que les couches extérieures dans lesquelles l'hydrogène continue à brûler se dilatent brusquement. L'étoile se remet à grossir et sa luminosité augmente. Par contre, la surface se refroidit en raison de son expansion. Le point figuratif suit le chemin (B) (fig. 2 *c*) et s'arrête quand la température au centre devient suffisante (deux cents millions de degrés) pour que l'hélium brûle lui-même et se transforme en carbone et oxygène. L'étoile fait alors partie des « géantes rouges ». La combustion de l'hélium prend beaucoup moins de temps (10^7 à 10^8 ans) que la combustion de l'hydrogène[1]. En effet, chaque réaction libère beaucoup moins d'énergie dans la fusion de l'hélium que dans la fusion de l'hydrogène. Pour dégager la même puissance, il est nécessaire de transformer dans le même temps beaucoup plus d'hélium en carbone que d'hydrogène en hélium. Ceci se traduit sur le diagramme. H.R. par une pauvreté relative de la population des géantes comparée à celle des naines. Quand tout l'hélium est détruit au centre, il continue à brûler dans une couche intermédiaire et une contraction gravitationnelle serre de nouveau le « cœur » de l'étoile. La même succession de phénomènes (à plus haute température) se produit : combustion du carbone à huit cents millions de degrés, et de l'oxygène à un milliard de degrés environ. Alors l'étoile fait partie des supergéantes. Si les contractions gravitationnelles successives peuvent porter le centre à des tempéra-

1. La durée de vie d'une étoile varie approximativement comme l'inverse du cube de sa masse.

tures de 3 à 5 milliards de degrés, le silicium, qui est alors l'élément le plus stable, subit une fusion d'équilibre qui le transforme en grande partie en fer.

La grandeur physique fondamentale qui régit l'évolution des étoiles est la masse : elle détermine la durée de la vie de l'étoile. Plus une étoile est massive, plus l'énergie gravitationnelle libérée est grande : les réactions thermonucléaires se produisent alors très rapidement et la vie de l'étoile est relativement courte. Par contre, pour une étoile peu massive, l'énergie gravitationnelle peut être insuffisante pour permettre à toute la suite de processus de fusion de se produire (tableau 4). De plus, la masse de l'étoile fixe le déroulement de la phase postnucléaire : pour les étoiles de masses inférieures à 2-3 masses solaires (2-3 $M_\odot$), le noyau continue à se contracter doucement. Il ne subsiste plus alors qu'un astre dense (densité au centre de l'ordre de quelques milliards de grammes par centimètre cube), inactif en son centrer mais

Tableau 4. – **Effet de la masse d'une étoile sur sa capacité nucléosynthétique**

Masse de l'étoile (en masses solaires)	*Dernier stade nucléosynthétique de l'étoile*
0 -0,1	
0,1-0,4	Fusion de l'hydrogène
0,4-0,7	Fusion de l'hélium
0,7-0,9	Fusion du carbone
0,9	Fusion de l'oxygène

dont la température superficielle reste très élevée (10 000 degrés approximativement). Ces étoiles « fossiles » ne sont autres que les naines blanches.

Dans le cas des étoiles de masse supérieure à 10 $M_{\odot}$[1], le centre s'écrase sur lui-même. Cet effet brutal est dû soit à la réaction endothermique brisant le fer en hélium, soit à une déperdition très rapide de neutrinos créés en très grandes quantités dans ces domaines de température et de densité. Les zones externes de l'étoile explosent et donnent naissance à une supernova (phénomène un milliard de fois plus lumineux que le Soleil, qui peut illuminer la voûte céleste pendant un mois environ)[2]. Le cœur de l'étoile, qui s'est effondré sur lui-même, peut atteindre des densités « nucléaires » (de l'ordre de 10^{14} $g.cm^{-3}$). Il devient alors « étoile à neutrons » (« pulsar »).

Si une étoile ou un objet massif se contracte en deçà d'un rayon, prévu par la Relativité générale et appelé « Rayon de Schwarschild », cet astre devient invisible directement et ne se manifeste plus que par le rayonnement émis par la matière qui tombe sur lui. On a alors un « trou noir » dont la densité est telle qu'il emprisonne son propre rayonnement.

3. **Enrichissement du gaz interstellaire.** – Les étoiles naissent, comme nous l'avons vu, par contraction gravitationnelle du gaz interstellaire. Le gaz est trans-

1. Les étoiles de masse comprise entre 4 et 8 $M\odot$ évoluent différemment vers le stade supernova (voir chap. III).

2. La nébuleuse du Crabe, bien connue des astronomes, est issue du gaz éjecté par une supernova ayant explosé en 1054, et observée à cette époque par les astronomes chinois. On a mis en évidence en son centre un pulsar que l'on a assimilé à l'étoile à neutrons résiduelle.

formé dans les régions internes des étoiles par les réactions nucléaires qui s'y produisent, et s'enrichit ainsi en éléments lourds. Ces éléments contaminent le gaz interstellaire par éjection de matière provenant de l'étoile. Ces mécanismes d'éjection peuvent être lents (vent stellaire) ou rapides (explosions de supernovae). Le gaz interstellaire est donc enrichi en éléments lourds par les générations successives d'étoiles (voir chap. VII).

4. **Étapes nucléosynthétiques pour la formation des éléments plus lourds que l'hélium.** – Les processus nucléosynthétiques qui ont conduit à la formation des éléments lourds dans l'univers peuvent se résumer en quatre grands groupes :

A) *Processus liés à l'évolution stellaire* (chap. II). – Ce sont les réactions de fusion se produisant à l'intérieur d'une étoile soit :

a) fusion de l'hydrogène en hélium (responsable de la majeure partie de l'énergie produite dans les étoiles) ;
b) fusion de l'hélium en carbone et oxygène ;
c) états de fusion avancés, produisant le sodium, le magnésium, le silicium, le phosphore et le soufre ;
d) processus d'« équilibre » qui permet de passer du silicium au fer.

B) *Nucléosynthèse explosive dans les novae et les supernovae* (chap. III).

C) *Formation d'éléments lourds par absorption de neutrons* (chap. IV) :

a) processus « s » qui correspond à la production ou à l'absorption lente de neutrons *(slow)* ;

b) processus « r » qui correspond à la production ou à l'absorption rapide de neutrons.

D) *Réactions de haute énergie* (chap. V). – Ces réactions, dues aux rayons cosmiques galactiques ou stellaires, permettent d'expliquer les éléments lithium, béryllium, bore.

Chapitre II

RÉACTIONS DE FUSION ENTRE PARTICULES CHARGÉES

Revenons à la courbe d'abondances cosmiques présentée à la figure 1. Les abondances des éléments de masse atomique inférieure à 50 (jusqu'au pic du fer) s'expliquent par des réactions de fusion (donc des réactions entre particules chargées) qui se produisent au centre des étoiles. Ces réactions constituent la principale source d'énergie des étoiles. Nous étudions d'abord les caractéristiques générales de ces réactions, puis examinons les différentes chaînes de réactions qui expliquent la formation des éléments observés.

I. – Caractéristiques générales des réactions de fusion thermonucléaire

Une réaction de fusion peut s'écrire :

$$A + B \rightarrow C + \dots$$

où C est un noyau de masse supérieure à celle du noyau le plus lourd (A ou B). La probabilité qu'une telle réaction se produise est caractérisée par une grandeur ayant la dimension d'une surface : la section efficace de réaction. Cette section efficace est analogue à la surface de la cible présentée à un tireur. De même que ce tireur a d'autant plus de chance d'atteindre la cible que celle-ci est plus grande, de même les réactions nucléaires entre le noyau incident (le projectile) et le noyau cible sont d'autant plus probables que la section efficace correspondante est plus élevée. En termes plus précis, une section efficace se définit comme le rapport du nombre de réactions par noyau cible et par unité de temps) au flux de particules incidentes (par unité de surface et unité de temps). L'unité caractéristique des sections efficaces est le barn (10^{-24} cm^2). La section efficace dépend de la vitesse relative v des noyaux interagissant A et B. La vitesse relative v se définit comme la différence entre les deux vitesses de A et de B. On remarque que la définition de la section efficace est tout à fait symétrique vis-à-vis des deux particules entrant en réaction puisque la vitesse relative est la même, qu'elle soit née de l'un ou de l'autre des noyaux. Nous avons défini ainsi pour la réaction $A + B \rightarrow C + \ldots$ la section efficace de réaction à la vitesse v : $\sigma_{A, B}(v)$.

On peut évaluer alors une grandeur physique importante, le taux de réactions par unité de volume. Si les noyaux B sont sous la forme d'un gaz contenant N_B noyaux par centimètre cube, le taux de réaction est le produit de $\sigma(v)$ N_B par le flux de noyaux A. Au cas ou la vitesse v des particules A est uniforme, ce flux est égal à vN_A. Finalement, le taux de réaction $r_{A, B}$ s'écrit :

$$r_{A, B} = \sigma_{A, B}(v)\, N_A . N_B . v.$$

Au centre d'une étoile, le gaz est en équilibre thermodynamique et les vitesses des différentes particules suivent la loi de distribution de Maxwell-Boltzmann[1]. Dans ces conditions, le taux de réaction par unité de volume $r_{A,B}$ s'écrit :

$$r_{A,B} = N_A N_B < \sigma v >_{A,B}$$

où le taux de réaction par unité de paire $< \sigma v >_{A,B}$ est la valeur moyenne du produit σv effectué en tenant compte de la distribution Maxwell-Boltzmann (fig. 3).

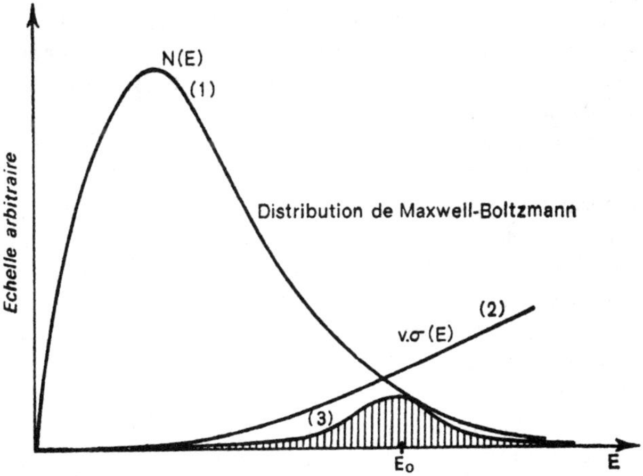

Fig. 3

Sur ce diagramme, la courbe (1) représente la distribution maxwellienne des particules en fonction de l'énergie. La courbe (2) est le produit de la section efficace σ(E) de réaction de fusion par la vitesse relative v des particules interagissantes. La courbe (3) représente le produit de ces deux courbes, elle limite une surface dont la mesure est le taux de réaction $< \sigma v >$ par paire de particules interagissantes. E_0 est l'énergie correspondant au maximum de la courbe (3) (énergie de Gamow).

1. La loi de Maxwell-Boltzmann décrit la répartition (fig. 3) des vitesses des molécules dans un gaz en fonction de la température du gaz.

On définit aussi la durée de vie $\tau_{A,B}$ des noyaux A vis-à-vis de la réaction (A, B) comme :

$$\tau_{A,B} = \frac{1}{N_B \langle \sigma v \rangle_{A,B}}$$

le taux de réactions par unité de paire est donc la grandeur fondamentale qui exprime la probabilité plus ou moins grande que la réaction se fasse.

Dans le cas des réactions de fusion entre particules chargées, on peut indiquer simplement comment s'obtient ce taux. Nous distinguons deux domaines d'énergie :

a) À basse énergie ($1 \leq E \leq 200$ keV[1]), les noyaux ont du mal à vaincre la répulsion électrique qui les repousse (qui est proportionnelle au produit de leurs charges respectives). Ils parviennent cependant de temps en temps à s'approcher suffisamment l'un de l'autre par un effet quantique appelé effet tunnel (à des distances de l'ordre de 10^{-18} cm caractéristiques des noyaux nucléaires). Lorsque cette condition est réalisée, la réaction ne dépend plus que de paramètres purement nucléaires. La section efficace augmente très vite en fonction de l'énergie : en effet, les particules qui vont plus vite ont plus de chance de vaincre leur répulsion (fig. 4). La forme de la section efficace est représentée dans la figure 5. On y remarque une montée rapide à basse énergie suivie d'une saturation dès que l'énergie cinétique des noyaux permet de vaincre de toute façon la répulsion coulombienne. Comme le taux de réaction est fonction du produit de cette section efficace rapidement croissante en fonction de l'énergie par la distribution de Maxwell-Boltzmann décroissante en

1. 1 keV = 1 000 eV (électrons-volts).

fonction de E, il présente un maximum pour une certaine énergie E_0, appelée « énergie de Gamow », nettement supérieure à l'énergie moyenne des noyaux, qui correspond au maximum de la fonction de distribution de Maxwell-Boltzmann. En d'autres termes, les noyaux qui ont le plus de chance de subir une réaction sont ceux d'énergie E_0, qui sont relativement peu nombreux (fig. 3).

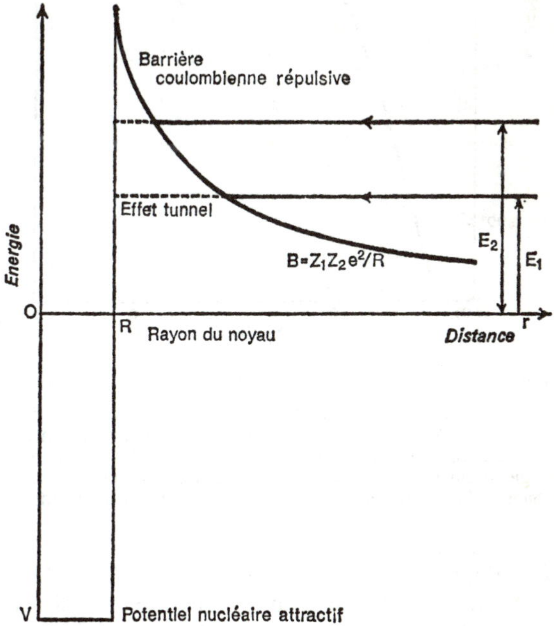

Fig. 4. – Barrière coulombienne

Les potentiels nucléaire et coulombien sont représentés en fonction de la distance *r* au centre du noyau. Plus l'énergie de la particule incidente est grande ($E_2 > E_1$), plus la barrière coulombienne se franchit facilement (effet tunnel).

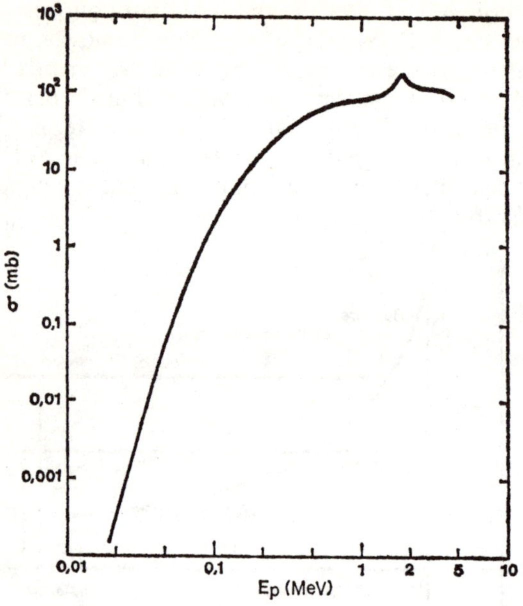

Fig. 5. – Allure d'une section efficace de réaction de fusion

La section efficace est fortement croissante jusqu'à des énergies de l'ordre de 1 MeV (environ). Cet effet est dû au franchissement de la barrière coulombienne, de plus en plus facile à mesure que l'énergie augmente. Pour des énergies supérieures à la barrière coulombienne, la section efficace devient pratiquement constante.

b) Pour des énergies plus élevées (200 keV $\leqslant$ E $\leqslant$ 3 MeV), le comportement des sections efficaces est assez différent : après le franchissement de la barrière coulombienne, la particule incidente se fond avec la cible pour former un état intermédiaire, le noyau « composé ». Dans un modèle de noyaux (le modèle en « couches »), on suppose que les nucléons sont ré-

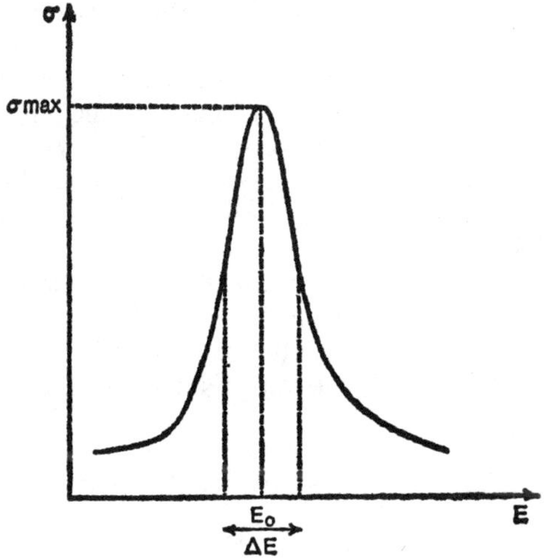

Fig. 6. – Résonance dans une section efficace

Une résonance se traduit par une augmentation très rapide de la section efficace à une énergie donnée E_0. La quantité ΔE représente la largeur de la résonance. Les résonances sont dues à la formation de niveaux excités dont la durée de vie est d'autant plus grande que ΔE est plus petit. La mesure et l'étude des résonances constituent l'apport le plus important dans la connaissance des noyaux.

partis sur des couches à l'intérieur du noyau. Ces couches douent le même rôle que les orbites électroniques dans un atome. De la même façon qu'un atome, le noyau composé peut se trouver dans des états excités. Pour les atomes, cela se traduit par le passage d'un électron d'une couche inférieure à une couche supérieure, et la désexcitation s'accompagne d'émission de rayonnement. Pour les noyaux, c'est à peu près le même schéma : les nucléons peuvent subir différents réarrangements dans le noyau et conduire à des états excités. Si l'énergie des particules incidentes A. et B correspond à l'énergie d'un état excité du noyau composé, la réaction présente ce que l'on appelle une résonance (fig. 6), c'est-à-dire un maximum prononcé. Si la température du centre de l'étoile est telle que certaines réactions résonnantes sont possibles, le taux de ces réactions devient alors très élevé dans le domaine étroit de température correspondant au pic de la section efficace.

En résumé, le comportement des réactions entre particules chargées dépend fortement des sections efficaces de réaction.. À chaque réaction correspond une température bien définie aloi rend le taux maximal.

II. – Cycles de combustion de l'hydrogène

Les réactions les plus importantes qui conduisent de l'hydrogéne à l'hélium sont groupées dans le tableau 5.

Nous allons examiner successivement les trois chaînes principales qui conduisent à cette combustion.

1. **Chaîne proton-proton.** – La réaction :

$$H + H \rightarrow D + e^{+} + \nu$$

n'est pas exactement une réaction nucléaire pure : elle fait intervenir une désintégration d'un proton en neutron. Ce genre de désintégration, appelée « désintégration bêta », fait partie des interactions faibles qui interviennent toutes les fois que des leptons (électrons positif et négatif, neutrinos et muons) entrent en jeu. Ces interactions ont des sections efficaces beaucoup plus faibles que les réactions nucléaires (dites aussi interactions fortes). Leurs sections efficaces se mesurent en unités de

Tableau 5. – **Réactions de combustion de l'hydrogène ou de formation de l'hélium**

I. – *Chaîne proton-proton* (PP I)

$$H + H \rightarrow D + e^{+} \nu$$
$$D + H \rightarrow {}^{3}He + \gamma$$
$${}^{3}He + {}^{3}He \rightarrow {}^{4}He + 2H + \gamma$$

II. – *Chaîne sur d'hélium*

$${}^{3}He + {}^{4}He \rightarrow {}^{7}Be + \gamma$$

${}^{7}Be + e^{-} \rightarrow {}^{7}Li + \nu$ ${}^{7}Li + H \rightarrow {}^{8}Be + \gamma$	${}^{7}Be + p \rightarrow {}^{8}B + \gamma$ ${}^{8}B \rightarrow {}^{8}Be + e^{+} + \nu$
(PP II)	(PP III)

$${}^{8}Be \rightarrow 2\,{}^{4}He + \gamma$$

III. – *Cycles CNO*

$${}^{13}C + H \rightarrow {}^{13}N + \gamma$$
$${}^{13}N \rightarrow {}^{13}C + e^{+} + \nu$$
$${}^{13}C + H \rightarrow {}^{14}N + \gamma$$
$${}^{14}N + H \rightarrow {}^{15}O + \gamma$$
$${}^{15}O \rightarrow {}^{15}N + e^{+} + \nu$$

${}^{15}N + H \rightarrow {}^{13}C + {}^{4}He$	${}^{15}N + H \rightarrow {}^{16}O + \gamma$ ${}^{16}O + H \rightarrow {}^{17}F + \gamma$ ${}^{17}F \rightarrow {}^{17}O + e^{+} + \nu$ ${}^{17}O + H \rightarrow {}^{14}N + {}^{4}He$

10^{-44} cm^2, soit 10^{20} fois plus faibles que les sections efficaces nucléaires. Nous y reviendrons à propos de la détection des neutrinos solaires.

Revenons à $H + H \rightarrow D + e^+ + \nu$. Pendant la collision des deux protons, qui dure un temps extrêmement bref (environ 10^{-20} s), l'un d'entre eux doit se transformer en neutron en émettant un positron et un neutrino, et ce neutron doit faire partie d'un nouveau noyau de charge 1 et de masse 2, le deutérium. Comme la réaction est de type interaction faible, elle est extrêmement lente et ne peut être mesurée au laboratoire (il faudrait attendre une dizaine d'années pour obtenir une seule réaction dans un accélérateur très puissant). Elle est cependant déterminée théoriquement avec beaucoup de précision : sa section efficace est de l'ordre de 10^{-47} cm^2 pour des protons de 1 MeV, et la durée de vie de l'hydrogène dans des zones où la température est de 15 millions de degrés et la densité 100 g/cm^3 est de 10 milliards d'années âge des étoiles les plus vieilles). La lenteur de cette réaction explique pourquoi les étoiles sont susceptibles de durer aussi longtemps en ne faisant rien d'autre que brûler leur hydrogène. Si cette réaction n'était pas si lente, il y a longtemps que notre Soleil aurait disparu (et, avec lui, la Terre et ceux qui l'habitent !).

Continuons l'examen de cette chaîne de réactions. Le deutérium se transforme très rapidement en hélium 3. Le deutérium atteint ainsi très vite au centre du Soleil (par exemple, une abondance d'atomes relative D/H[1] $\sim 3 \times 10^{-18}$. Lorsque l'on sait que le deutérium atteint sur la Terre une valeur relative $D/H \simeq 10^{-4}$, on se rend compte qu'il est impossible d'expliquer l'abondance de deutérium. par nucléosynthèse stellaire. On verra par la suite qu'on ne peut pas

1. Le symbole D/H signifie le rapport du nombre de noyaux de deutérium par unité de volume au nombre de noyaux d'hydrogène par unité de volume. Cette notation sera constamment utilisée dans la suite.

l'expliquer non plus par nucléosynthèse dans la matière interstellaire. Le deutérium n'a pu être formé qu'à l'origine de l'univers, comme expliqué au chapitre Ier, § II.3. À la fin du cycle, les noyaux d'hélium 3 réagissent entre eux pour donner l'hélium 4 et régénérer deux protons. Cette chaîne, qui se produit principalement à des températures de 10 à 20 millions de degrés et à des densités de l'ordre de 100 $g.cm^{-3}$, revient donc à la transformation de quatre atomes d'hydrogène en un atome d'hélium 4.

2. **Passage par l'hélium catalyseur.** – Si la température est un peu plus élevée ($\geqslant$ 20 millions de degrés), et si l'abondance de ^4He augmente, l'hélium peut lui-même servir de catalyseur et induire les chaînes PP II et PP III (tableau 5). Un paramètre important est la quantité relative de béryllium 7. Le béryllium 7, à basse température (20 à 30 millions de degrés), capture un électron et se transforme en lithium 7. Le lithium 7 absorbe assez rapidement un proton pour donner du béryllium 8 très instable ($^8Be \rightarrow 2\,^4He$ en 10^{-16} s). Le lithium 7 a le même comportement que le deutérium ; il est formé en très faible quantité au centre de l'étoile. Pour des températures supérieures à 30 millions de degrés, le béryllium 7 agit plus vite avec les protons pour donner naissance au bore 8. Le bore 8 en se désintégrant donne naissance aux neutrinos les plus énergétiques de cette chaîne de réactions : leur énergie est de l'ordre de 7 MeV alors que l'énergie des neutrinos issus de la réaction initiale de formation du deutérium ne dépasse pas 0,42 MeV.

On comprend à quel point la détection directe de ces neutrinos qui circulent sans encombre jusqu'à nous est importante pour tester notre compréhension de la structure interne du Soleil.

Il existe actuellement plusieurs expériences de détection des neutrinos solaires, toutes placées en profondeur pour éviter d'autres réactions parasites induites par le rayonnement cosmique ambiant. La première expérience, la seule pendant vingt ans, mise au point par R. Davis Jr, utilise une cuve de 400 000 l de tétrachlorure de carbone enfouie au fond d'une mine d'or dans le Dakota du Sud aux États-Unis. Le chlore 37 peut capturer un neutrino électronique pour donner de l'argon 37, qui est ensuite extrait chimiquement du fluide :

$$^{37}Cl + \nu_e \rightarrow {}^{37}Ar + e^-.$$

Le seuil de cette réaction étant de 0,8 MeV, l'expérience de Davis ne peut détecter que les neutrinos les plus énergétiques, et non ceux de la réaction principale. Les modèles solaires théoriques prédisaient la détection d'un. flux d'environ 10^7 neutrinos $cm^{-2}.s^{-1}$. Davis n'en a observé que le tiers. Il était donc fondamental de construire d'autres détecteurs capables de capturer des neutrinos de plus basse énergie. Il existe maintenant deux expériences de ce type, toutes deux utilisant la même réaction de transformation du gallium en germanium :

$$^{71}Ga + \nu_e \rightarrow {}^{71}Ge + e^-.$$

L'expérience européenne GALLEX, dans le laboratoire souterrain du Gran Sasso en Italie, utilise une solution aqueuse de chlorure de gallium et d'acide hypochlorique comprenant 30 t de gallium. L'expérience américaine et russe SAGE, dans le Caucase, utilise du gallium métallique liquide à raison de 60 t de gallium. Les résultats des deux expériences sont cohérents : le flux de neutrinos mesurés représente environ les deux tiers du flux « le plus probable » attendu par les modèles. Les résultats sont compatibles avec les prédictions théoriques pour le flux des neutrinos principaux produits par le Soleil, ceux de la chaîne PP I, directement liés à l'énergie solaire. Cependant il faudrait non seulement que le flux de neutrinos en provenance du bore 8 (chaîne PP III) soit diminué par trois (comme observé par R. Davis) mais en plus, cela exclurait toute possibilité de production de neutrinos en provenance du béryllium 7 (chaîne PP II), ce qui semble difficile à concevoir.

Deux autres expériences permettent de détecter à la fois les neutrinos du bore 8 et une partie des neutrinos du béryllium 7. Ce sont : Kamiokande (récemment complétée par SuperKamiokande), au Japon, et SNO, pour « Sudbury National Observatory », au Canada. Ces expériences utilisent deux réactions différentes : les japonaises, une réaction de transformation du deutérium présent dans certaines molécules d'eau (eau lourde), la canadienne, une réaction de diffusion entre les neutrinos et les électrons des molécules. Il est ainsi possible de détecter les neutrinos solaires, à condition d'avoir à sa disposition une énorme quantité d'eau : 680 t, par exemple, pour Kamiokande. L'intérêt de ces deux réactions combinées est que la première n'est sensible qu'aux neutrinos dits « électroniques » alors que la deuxième est sensible à tous les neutrinos. Il existe en effet trois sortes de neutrinos : les neutrinos électroniques (seuls à être produits dans le Soleil), les neutrinos muoniques et les neutrinos tauïques. Les physiciens des particules ont montré que, si les neutrinos ont une masse, ils peuvent se transformer l'un en l'autre au cours de leur propagation. Un résultat spectaculaire a récemment été obtenu (juin 2001) : il y a plus de neutrinos détectés par diffusion que par réaction sur le deutérium. L'énigme des neutrinos solaires

B.M.
Sevres

semble donc bien près d'être résolue : il s'agit d'un problème de physique des particules, qui a été révélé grâce à l'astrophysique.

3. **Cycles CNO** (le premier cycle CNO a été découvert par Bethe, prix Nobel 1967). – Les étoiles que nous observons actuellement sont issues d'un gaz interstellaire ayant déjà été contaminé en éléments lourds par une ou plusieurs générations précédentes d'étoiles. Dans ces conditions, le carbone, l'azote et l'oxygène constituent d'excellents catalyseurs pour la réaction $4H \rightarrow {}^4He$. Au cours de ce cycle (tableau 5), la réaction la plus lente est la réaction ${}^{14}N(p, \gamma){}^{15}O$. De façon générale, il est bon de retenir que la vitesse avec laquelle une chaîne de réactions transforme une espèce chimique en une autre est celle de la réaction la plus lente. Par conséquent, le carbone et l'oxygène se transforment en azote : à la fin d'un cycle CNO, les rapports entre éléments sont les suivants[1] :

$$\frac{N}{O} = 30 \; ; \quad \frac{N}{C} = 120 \; ; \quad \frac{{}^{13}C}{{}^{12}C} = \frac{1}{4} \; ; \quad \frac{{}^{15}N}{{}^{14}N} = 4 \times 10^{-4}.$$

Or, les rapports observés à la surface du Soleil et des étoiles proches sont : N/O = 0,1 ; N/C = 0,25 ; ${}^{13}C/{}^{12}C = 1/90$; ${}^{15}N/{}^{14}N = 3{,}5 \times 10^{-3}$; ce qui montre que la matière constituant la surface de ces étoiles ne provient pas uniquement de ce cycle. Il existe en revanche au moins une étoile (HD 30353) pauvre en hydrogène ($H/He = 10^{-4}$) pour laquelle on a mesuré $N/C = 10^{-3}$ et N/O = 50. Il existe d'autre part

1. Les éléments résultant du cycle CNO sont différents si le cycle se produit dans des conditions explosives, par exemple dans les novae (chap. III).

des étoiles carbonées pour lesquelles $^{13}C/^{12}C = 0{,}25$. Donc nous avons une preuve expérimentale que ces processus existent bien dans la nature.

Les calculs de l'évolution des étoiles montrent que l'énergie provenant du cycle CNO est supérieure à l'énergie provenant des chaînes PP dans les étoiles de masse supérieure à 2-3 masses solaires. Pour le Soleil lui-même, on estime que 56 % d'hélium formé en son centre provient de la chaîne PP I ; 40 % de la chaîne PP II ; 0,05 % de la chaîne PP III et 32 % du cycle du carbone.

III. – Cycle de combustion de l'hélium

Le mécanisme qui permet de passer de l'hélium au carbone[1] a constitué longtemps le nœud gordien de l'astrophysique nucléaire qui n'a été finalement tranché que par Salpeter et Hoyle. Ce passage de l'hélium au carbone se fait en deux temps (si les conditions de température et de densité sont suffisantes : $T \sim 10^8$ K et $\rho \sim 10^5$ g.cm^{-3}). La réaction $^4He + {}^4He \rightarrow {}^8Be$ permet la formation par réaction d'équilibre d'une petite proportion de ^8Be. Bien que le béryllium soit très instable (durée de vie 10^{-16} s), dans ces conditions physiques, l'équilibre permet le maintien d'une abondance $^8Be/^4He = 10^{-9}$.

Cette quantité tout à fait infime permet cependant de passer au carbone par l'intermédiaire de la réaction résonnante $^4He + {}^8Be \rightarrow {}^{12}C$, qui conduit à un niveau excité du carbone. Ce niveau excité se désintègre soit en donnant du carbone dans son état fondamental, soit en redonnant $^8Be + {}^4He$. On parvient ainsi à expli-

1. Les éléments intermédiaires Li-Be-B ne sont pas suffisamment stables pour subsister à l'intérieur des étoiles (chap. V).

quer la formation du carbone à partir de l'hélium. Cette réaction un peu particulière dans son déroulement a également la propriété de dépendre très fortement de la température (autour de 100 millions de degrés, la section efficace est proportionnelle a la quarantième puissance de la température) : une faible augmentation de température conduit à un changement brutal de ce taux de réaction et par là du débit d'énergie auquel il peut conduire. À une faible variation de la température correspond une variation de la pression du gaz trop faible pour compenser ce débit d'énergie. Il s'ensuit une explosion dans l'étoile appelée flash de l'hélium. Nous aurons par la suite l'occasion de retrouver ce genre de phénomène (chap. IV : formation de supernovae ; réactions explosives).

La réaction 3 $^{4}He \rightarrow {}^{12}C$ n'est pas la seule réaction qui se produit au centre d'une étoile où la température est aussi élevée (quelques centaines de millions de degrés), le carbone lui-même réagit pour donner naissance à l'oxygène et l'on a :

$$^{12}C + {}^{4}He \rightarrow {}^{16}O + \gamma$$
$$^{14}N + {}^{4}He \rightarrow {}^{18}F + \gamma \rightarrow {}^{18}O + e^{-} + \nu$$

et éventuellement :

$$^{16}O + {}^{4}He \rightarrow {}^{20}Ne + \gamma.$$

Ces réactions sont résonnantes, leur section efficace dépend fortement des niveaux excités de ^{18}O, ^{18}F et ^{20}Ne. En se servant des mesures de sections efficaces, les astrophysiciens montrent que l'on obtient à la fin du cycle de combustion de l'hélium 49 % de carbone et de ^{16}O et 2 % de ^{18}O.

Les chaînes de réactions partant de l'azote ne

s'arrêtent pas forcément à ^{18}O. Cette chaîne constitue une excellente source de neutrons par les réactions :

$$
\begin{aligned}
&^{18}O + {}^{4}He \rightarrow {}^{21}Ne + n \\
&^{18}O + {}^{4}He \rightarrow {}^{22}Ne + \gamma \\
&^{22}Ne + {}^{4}He \rightarrow {}^{25}Mg + n \\
&^{22}Ne + {}^{4}He \rightarrow {}^{26}Mg + \gamma \\
&^{25}Mg + {}^{4}He \rightarrow {}^{28}Si + n \\
&^{26}Mg + {}^{4}He \rightarrow {}^{29}Si + n.
\end{aligned}
$$

Nous verrons l'intérêt de ces réactions au chapitre IV.

IV. – Cycle de combustion du carbone

Lorsque le combustible hélium est épuisé, l'étoile (si elle est assez massive) peut subir en son centre une contraction gravitationnelle. Si la température est de 500 à 800 millions de degrés et la densité de l'ordre de 10^5 g.cm^{-3}, les noyaux de carbone à leur tour réagissent entre eux et donnent les réactions suivantes :

$$
\begin{aligned}
{}^{12}C + {}^{12}C &\rightarrow {}^{24}Mg + \gamma \\
&\rightarrow {}^{23}Na + p \\
&\rightarrow {}^{20}Ne + {}^{4}He \\
&\rightarrow {}^{23}Mg + n
\end{aligned}
$$

la dernière réaction est endothermique maïs peut constituer une bonne source de neutrons si la température est suffisante. La fusion radiative en ^{24}Mg est négligeable devant la formation de ^{20}Ne et ^{23}Na. Cependant, si on laisse se dérouler les chaînes de réactions, les protons et les particules alpha libérées dans ce cycle contribuent à donner du magnésium par les réactions $^{20}Ne + {}^{4}He \rightarrow {}^{24}Mg + \gamma$ et $^{23}Na + p \rightarrow {}^{24}Mg + \gamma$ qui sont des réactions très favorables. Comme le noyau de magnésium est le noyau le plus stable de cette série, cette espèce chimique sera la plus abondante à la fin du cycle.

On note enfin à propos de ce cycle comme pour le suivant (combustion de l'oxygène) que ces réactions conduisent à la création d'un très grand nombre de neutrinos. Ces neutrinos quittent très facilement l'étoile et emportent, aux températures considérées maintenant, une fraction très importante (de l'ordre de 30 %) du débit d'énergie.

V. – Combustion de l'oxygène

Pour des températures un peu plus élevées (1 milliard de degrés), l'oxygène à son tour peut fusionner et donner les réactions :

$$
\begin{aligned}
{}^{16}O + {}^{16}O &\rightarrow {}^{32}S + \gamma \\
&\rightarrow {}^{31}P + p \\
&\rightarrow {}^{28}Si + {}^{4}He \\
&\rightarrow {}^{24}Mg + 2\,{}^{4}He \\
&\rightarrow {}^{31}S + n.
\end{aligned}
$$

À la fin de la chaîne, le silicium, élément produit le plus stable, est le plus abondant. Les mêmes remarques que celles qui précèdent s'appliquent aussi à ce cycle.

Avant de quitter ces deux derniers cycles, on note que ces réactions ne donnent pas complètement le « paysage » isotopique observé par exemple à la surface du Soleil. Des noyaux comme ^{25}Mg, ^{26}Mg, ^{29}Si, ^{30}Si ne sont pas expliqués par ces divers processus. Ce sont les réactions « explosives » (chap. III) qui en sont responsables.

On pourrait penser que si la température augmente encore, la fusion du silicium ou du magnésium se produit et explique les abondances des éléments plus lourds. Ces mécanismes ne sont plus possibles : en effet, à mesure que le numéro atomique des noyaux considérés augmente, la barrière de Coulomb devient de plus en plus élevée et la température des régions dans lesquelles pourraient s'établir ces réactions doit augmenter jusqu'à $4{,}5 \times 10^9$ K. Mais, à ces températures, le nombre de photons libérés croît, comme l'indique la loi bien connue de Planck, en puissance quatrième de la température. Dans ces conditions, ce ne sont plus les réactions de fusion mais plutôt de désintégration :

$$\gamma + C \rightarrow A + B$$

qui sont favorisées. De sorte que l'oxygène est le dernier élément à pouvoir réagir sur lui-même.

VI. – **Photodésintégration : réactions d'équilibre du silicium et du fer**

Que se passe-t-il donc à des températures aussi élevées que 3 à 5 milliards de degrés ?

Lorsque la désintégration commence à prendre place, les noyaux les moins stables (par exemple les noyaux de masse atomique impaire) sont détruits de préférence aux noyaux plus stables (fer, silicium, noyaux de masse paire). Ces réactions de photodésintégration expliquent en particulier pourquoi le fer et les noyaux voisins sont favorisés par rapport aux noyaux compris entre les masses atomiques 35 et 65.

Deux processus concourent à expliquer les abondances des éléments compris entre le soufre et le nickel : 1 / les éléments les plus légers ($32 \leqslant A \leqslant 52$) sont synthétisés par un mécanisme de quasi-équilibre sur le silicium ; 2 / le pic du fer s'explique par des réactions de photodésintégration mentionnées plus haut.

1. **Quasi-équilibre à partir du silicium.** – Pour expliquer ce mécanisme, nous supposerons au départ le gaz stellaire constitué uniquement de silicium. À une température de 3 milliards de degrés et à des densités très élevées (10^8 g.cm^{-3}) (conditions qui seront supposées constantes pendant la durée du mécanisme), un petit nombre de particules alpha[1] (noyaux d'hélium sont d'abord libérées par la réaction :

$$\gamma + {}^{28}\text{Si} \rightarrow {}^{24}\text{Mg} + {}^{4}\text{He}.$$

En raison de la stabilité très grande du silicium, cette réaction est très lente. À mesure que les particules alpha sont libérées, elles se fixent aux noyaux de silicium pour donner du soufre :

$${}^{28}\text{Si} + {}^{4}\text{He} \rightarrow {}^{32}\text{S} + \gamma$$

(il y a équilibre en raison du fait que le soufre est moins stable que le silicium). Cependant, par une loi qui s'applique à tout équilibre (chimique ou nucléaire par exemple), la synthèse du soufre est favorisée par l'augmentation du nombre relatif des particules alpha. Ceci se produit très facilement par la photodésintégration rapide de ^{24}Mg et des noyaux plus légers :

$${}^{24}\text{Mg} + \gamma \rightarrow {}^{20}\text{Ne} + {}^{4}\text{He}$$
$${}^{20}\text{Ne} + \gamma \rightarrow {}^{16}\text{O} + {}^{4}\text{He}.$$

1. Pour des raisons historiques (découvertes de la radioactivité), on emploie souvent la dénomination de particule alpha pour les noyaux d'hélium.

Finalement les noyaux plus lourds que le silicium sont synthétisés en raison d'une légère photodésintégration de celui-ci et d'une photodésintégration plus rapide des noyaux plus légers. Nous assistons donc à une lente fusion (d'où l'appellation de quasi-équilibre) du silicium au bénéfice des noyaux les plus lourds. Nous avons limité notre présentation à la production de particules alpha. On démontre de même que des protons et des neutrons sont libérés par des processus analogues (séries de réactions $\gamma + C \rightarrow p + D$; $E + p \rightarrow F + \gamma$; etc.).

Le produits le plus lourd et aussi le plus abondant de cette chaîne de réactions est ^{56}Ni qui, par désintégration bêta, donne naissance au fer.

Ce mécanisme a le mérite de bien produire les éléments de masse inférieure à 56 avec les abondances observées.

2. **Réactions d'équilibre expliquant le pic du fer.** – Comme nous l'avons déjà souligné, les équilibres entre la fusion et la photodésintégration favorisent les éléments plus stables. Les équilibres se produisent à des températures de l'ordre de 4 milliards de degrés.

La stabilité d'un noyau se mesure par l'énergie qui lie les nucléons au sein du noyau. D'après la relation d'Einstein, il y a complète correspondance entre la masse et l'énergie. L'énergie totale de liaison de tous les nucléons d'un noyau est la différence entre la masse des protons et des neutrons nécessaires pour constituer le noyau et la masse de ce noyau. L'énergie de liaison par nucléon est égale à la valeur de cette énergie totale divisée par le nombre de nucléons. Par exemple, pour un noyau de ^{56}Fe, l'énergie de liaison d'un nucléon dans ce noyau est égale à :

$$\frac{26M_p + 30M_n - M(^{56}Fe)}{56}$$

où M_p, M_n et M ^{56}Fe sont respectivement les masses du proton, du neutron et de ^{56}Fe. La figure 7 donne les énergies de liaison par nucléon des différents noyaux en fonction de leur masse. L'énergie de liaison par nucléon augmente d'abord en fonction de la masse atomique A et présente un maximum pour les métaux aux voisinage du fer (chrome, manganèse, fer, nickel, cuivre), puis décroît lentement dans le domaine des noyaux lourds.

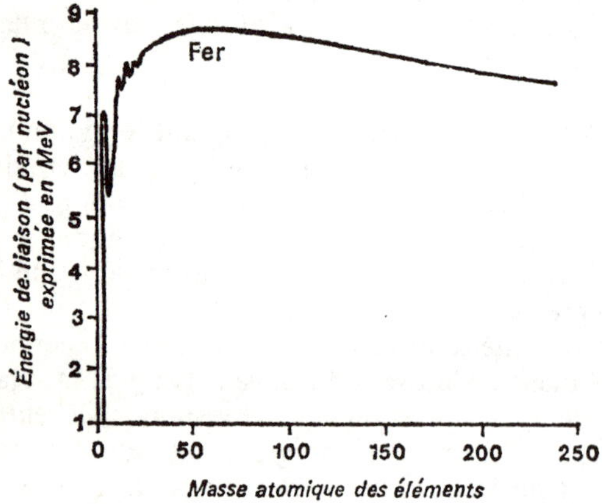

Fig. 7. – Courbe des énergies de liaison

Cette courbe représente les variations de l'énergie de liaison (par nucléon) à mesure qu'augmente la masse atomique des éléments. Les pics dessinés dans la partie gauche de la courbe correspondent à des noyaux formés d'un nombre entier de particules alpha. Le maximum de la courbe correspond à la masse atomique cinquante-six, ce qui explique le pic du fer.

La mécanique statistique nous apprend que les deux facteurs les plus importants pour calculer les abondances relatives entre les noyaux sont, d'une part, les différences entre les énergies de liaison et, d'autre part la température du milieu.

Le pic observé avec les abondances solaires s'explique donc bien par des températures de l'ordre de 4 milliards de degrés. Il nous renseigne sur les grandeurs physiques dans les zones où se développent ces mécanismes.

Ces équilibres sont atteints à la fin de la vie des étoiles de grande masse (chap. III).

Chapitre III

RÉACTIONS EXPLOSIVES DANS LES ÉTOILES

Dans ses tentatives d'expliquer les phénomènes nucléaires à l'intérieur des étoiles, la nucléosynthése n'est pas capable de reproduire avec exactitude tous les rapports isotopiques présentés par les espèces chimiques comprises entre le carbone et le nickel. Par exemple, la fusion du carbone ne conduit qu'aux noyaux ^{20}Ne, ^{23}Na, ^{24}Mg et n'explique pas l'abondance des autres isotopes stables de cette région de masse (^{21}Ne, ^{22}Ne, par exemple).

Cette lacune est comblée grâce aux phénomènes de type explosif auxquels les étoiles sont fréquemment soumises.

Comme nous l'avons vu au chapitre II, au cours de la fusion de l'hélium, les taux de réactions augmentent très rapidement en fonction de la température. Le débit d'énergie peut varier de façon brusque sans être compensé par une augmentation suffisante de la pression. Ceci entraîne une explosion partielle des couches de l'étoile où se déroule cette fusion. On a alors affaire à un flash de l'hélium responsable du retour d'une partie de l'étoile au gaz interstellaire.

D'autre part, les réactions de fusion du carbone et de l'oxygène s'accompagnent d'une production importante de neutrinos. Du fait qu'ils réagissent faiblement avec la matière, ces neutrinos ont pour effet d'emporter et d'éliminer très rapidement une grande partie de l'énergie produite par les réactions. Ce débit de neutrinos augmente la température des régions intéressées et accélère le flux d'énergie de façon à équilibrer les pertes. Les augmentations de température qui en résultent peuvent elles aussi engendrer des événements catastrophiques ou explosions au centre de l'étoile. Ces explosions engendrent des séries de réactions différentes de celles qui se produisent dans les régions calmes. Ces réactions « explosives » peuvent en fait être responsables d'une grande partie de la composition isotopique de la matière qui nous entoure.

I. – Représentation schématique de l'événement explosif

Pour traiter convenablement un processus de nucléosynthèse explosive, trois informations sont nécessaires : 1 / la connaissance du mécanisme d'explosion lui-même, en particulier de la variation au cours du temps de la densité et de la température ; 2 / la connaissance de la composition et de l'état de la matière avant l'explosion ; 3 / la connaissance des nombreuses réactions nucléaires qui peuvent se produire au cours de cette explosion. La caractéristique principale de ces processus réside dans le fait que les différents combustibles nucléaires réagissent à des températures plus élevées que celles auxquelles ils sont soumis au cours de la nucléosynthèse normale. Cette surchauffe du combustible peut être due par exemple au passage d'une onde de choc dans la région considérée. Dans ce cas, une grande quantité d'énergie thermique est libérée en un temps très court comparé à celui que prend l'étoile pour rétablir son équilibre hydrodynamique. Il en résulte alors une explosion qui pulvérise toute l'étoile. La durée du phénomène est du même ordre de grandeur que le temps que prendrait l'étoile pour s'écraser sur elle-même en chute libre ou se dilater librement.

Ce temps (exprimé en secondes) est approximativement égal à $500/\sqrt{\rho}$ où la densité ρ est exprimée en grammes par centimètre cube. Dans les zones où se produisent des réactions explosives, la densité est de l'ordre de 10^6 g.cm^{-3}, et la durée du phénomène est de l'ordre de la seconde. On voit donc l'extrême rapidité et brutalité du phénomène. On suppose de plus que l'expansion de la matière subissant l'explosion se fait de façon à peu près adiabatique, c'est-à-dire sans échange de chaleur avec l'extérieur : la densité et la température sont liées par la relation simple ρ/T^3 = constante.

La connaissance de la température et de la densité initiales est suffisante pour que l'on puisse décrire assez correctement le déroulement de l'explosion.

La composition et l'état thermique de la matière avant l'explosion sont fixés par les réactions thermonucléaires qui se sont produites avant la phase explosive. Par exemple, si la zone dans laquelle va se dérouler l'explosion a subi auparavant la fusion de l'hélium, elle sera principalement constituée de carbone et d'oxygène.

Les processus de nucléosynthèse explosive ont une caractéristique commune assez importante. Le résultat dépend très fortement de la composition chimique de la matière avant l'explosion. Le temps caractéristique de l'explosion est si bref que les transformations radioactives de protons ou neutrons (ou *vice versa*) n'ont pas le temps d'opérer. On définit donc un paramètre η dit paramètre de richesse de neutrons :

$$\eta = \frac{N - Z}{N + Z}$$

où N et Z sont respectivement le nombre moyen de neutrons et le nombre moyen de protons constituant les noyaux de la matière pré-explosive. Par exemple, la matière constituant la surface du Soleil a $\eta_{\odot} = 0{,}002$. Ce paramètre, qui indique donc la présence plus ou moins grande de noyaux relativement riches en neutrons, induit la façon dont les noyaux plus rares (par exemple les noyaux impairs) sont fabriqués. Nous y reviendrons, mais nous pouvons dire dès maintenant que si η est plus faible que la valeur solaire, les réactions explosives ne sont pas capables de former les noyaux impairs (par exemple l'aluminium, le phosphore, le sodium...) en quantité suffisante.

Enfin, l'ensemble des réactions nucléaires déclenchées par l'explosion est calculé à l'ordinateur : en effet, l'explosion rend possibles quelques centaines de réactions différentes (qui, heureusement, n'ont pas toutes la même importance). Le jeu de l'astrophysicien nucléaire est donc de construire à partir de la un système d'équations qui décrive aussi simplement mais aussi exactement que possible l'évolution des différentes espèces chimiques susceptibles d'être créées (ou d'être détruites). L'examen de tels systèmes dépasse notre propos.

Tableau 6. – **Les divers processus explosifs**

Processus	*Composition*	*T K*	*ρ g.cm⁻³*	*Bien expliqué*	*Mal expliqué*
Explosion de l'hélium	^{4}He	5×10^8	10^4	^{14}N ^{15}N ^{18}O ^{19}F ^{21}Ne	^{22}Ne
Explosion du carbone	^{12}C 50 % ^{16}O 47 % 13C 3 %	$1{,}8 \times 10^9$	10^7	^{20}Ne ^{24}Mg ^{25}Mg ^{23}Na ^{26}Mg 27Al ^{29}Si ^{30}Si ^{31}P	^{14}N ^{15}N ^{17}O ^{18}O ^{21}N ^{23}Ne
Explosion de l'oxygène	^{12}C 48 % ^{16}O 50 % ^{26}Mg 2 %	$3{,}6 \times 10^9$	5×10^5	^{28}Si ^{32}S ^{33}S ^{34}S ^{35}Cl ^{37}Cl ^{36}A ^{38}A ^{39}K ^{41}K ^{40}Ca ^{41}Ca ^{46}Ti ^{50}Cr	^{36}S ^{40}A ^{40}K ^{43}Ca ^{46}Ca ^{45}Sc ^{47}Ti
Explosion du silicium	^{12}C ^{16}O ^{28}Si ^{56}Ni	8×10^9	2×10^9	^{56}Fe ^{54}Fe ^{58}Ni ^{57}Fe ^{60}Ni ^{52}Cr ^{55}Mg ^{62}Ni ^{53}Cr ^{61}Ni ^{50}Cr	^{59}Co ^{48}Ti ^{44}Ca ^{64}Zn ^{66}Zn ^{63}Cu ^{51}K ^{65}Cn ^{49}Ti

II. – Les principales chaînes de réactions, leurs résultats

L'hypothèse des réactions explosives a d'abord été appliquée à la fusion du carbone. En fait, l'explosion peut s'appliquer à d'autres chaînes de réactions : si l'étoile est suffisamment massive pour que l'ensemble des chaînes de fusion s'y produise, elle peut prendre une structure en « pelure d'oignon » (fig. 8). À mesure

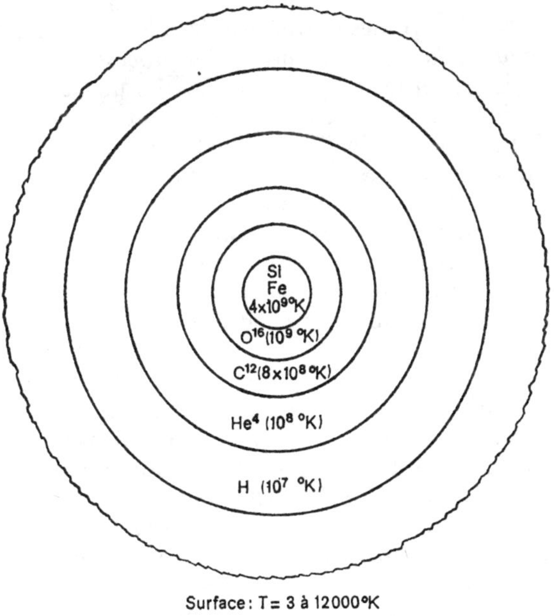

Fig. 8. – Structure en « pelure d'oignon » d'une étoile « théorique » dans laquelle se produisent simultanément tous les processus nucléaires. Une onde de détonation au centre de l'étoile engendre une explosion qui peut la détruire complètement et entraîner les réactions « explosives ».

que l'on s'éloigne du centre, on peut rencontrer les zones de fusion du silicium, de l'oxygène, du carbone, de l'hélium et de l'hydrogène qui sont caractérisées chacune par les densités et les températures indiquées au chapitre II.

Chacune de ces zones peut être portée à l'explosion par une même onde de choc. Nous décrivons donc successivement les différents processus explosifs et les noyaux dont ils expliquent la formation.

1. **Nucléosynthèse explosive dans les zones riches en hydrogène et en hélium.** – Ces processus ont lieu dans les supernovae (§ III) et dans les novae (§ IV), dont ils déclenchent en fait l'explosion. Le combustible nucléaire est l'hydrogène ou l'hélium mais les éléments d'importance nucléosynthétique sont ceux compris entre le carbone et le néon.

Les températures caractéristiques pour les cycles CNO « chauds » sont comprises entre 10^8 et 10^9 K et les densités sont comprises entre 1 et 10^4 g.cm^{-3}. Dans ces conditions, alors que l'hydrogène présent se transforme en hélium en des temps caractéristiques de l'ordre d'une heure, les réactions les plus lentes des cycles CNO (voir p. 50) sont les désintégrations bêta et non plus les réactions nucléaires comme dans le cas du cycle de Bethe. Les éléments dont la formation est favorisée par ces cycles de réaction sont ceux qui ont un isobare[1] radioactif de durée de vie assez longue. C'est le cas de ^{13}C (isobare radioactif ^{13}N), ^{14}N (^{14}O), ^{15}N (^{15}O), ^{17}O (^{17}F), ^{18}O (^{18}F et ^{18}Ne), ^{19}F (^{19}Ne), ^{21}Ne (^{21}Na), ^{22}Ne (^{22}Mg). Des nombreux travaux récents

1. On appelle isobares deux éléments chimiques dont le noyau a la même masse atomique.

concernant ces mécanismes peuvent être résumés comme suit :

1 / dans les zones riches en hydrogène, si la température est comprise entre 10^8 et 2×10^8 K, l'élément le plus surabondant est ^{13}C ; si la température est comprise entre 2 et 7×10^8 K, les éléments favorisés sont ^{15}N, ^{17}O et ^{21}Ne. Au-delà de 7×10^8 K les éléments favorisés sont ceux de masses atomique ($A \geqslant 24$) ;

2 / dans les zones riches en hélium, les isotopes favorisés (à des températures comprises entre 5×10^8 et 10^9 K) sont ^{15}N, ^{18}O,^{19}F et ^{21}Ne.

En résumé, l'on constate qu'une partie de la matière solaire a dû être soumise à ces mécanismes puisque le rapport $^{15}N/^{14}N$ observé est de 4.10^{-3} alors qu'il n'est que 4.10^{-5} dans le cycle CNO froid, mais qu'il peut atteindre une valeur voisine de 2 dans le cycle CNO chaud. D'autre part, ces régions explosives constituent un site intéressant pour la nucléosynthèse des éléments *p* (voir chap. IV).

2. **Explosion dans une zone de fusion de carbone.** Pour induire une réaction de type explosif dans une zone de fusion de carbone, les températures et les densités doivent être plus élevées (température comprise entre 1,7 et 1,9 milliard de degrés, densité comprise entre 100 000 et 10 millions de grammes par centimètre cube). On remarque que la température explosive est approximativement le double de la température de fusion normale. Dans une zone prête à synthétiser le carbone, c'est-à-dire comprenant au départ 50 % de carbone, 48 % d'oxygène 16 et 2 % d'oxygène 18 (provenant de la fusion de nos 2 % d'azote sur l'hélium !), on arrive à reproduire dans les

bons rapports (tableau 6) ^{20}Ne, ^{23}Na, ^{24}Mg, ^{25}Mg, ^{26}Mg, ^{27}Al, ^{29}Si et ^{30}Si. On se rappelle que la fusion au centre d'une étoile n'explique que ^{20}Ne, ^{23}Na et ^{24}Mg. On voit donc encore une fois l'intérêt de tels processus.

3. **Explosion dans une zone de fusion d'oxygène.** – On considère maintenant une zone de fusion d'oxygène dans des conditions explosives : la densité nécessaire est comprise entre 100 000 et 1 million de grammes par centimètre cube. Le domaine de température est très restreint (compris entre 3,5 et 3,7 milliards de degrés). Ce processus est responsable de la formation des éléments compris entre le silicium et le calcium. Les calculs ont été effectues pour trois différentes compositions du gaz pré-explosif correspondant aux abondances suivantes (en pourcentage de la masse totale) :

1 / ^{16}O (54 %), ^{24}Mg (30 %), ^{26}Mg (2 %), ^{28}Si (14 %) ;
2 / ^{12}C (49 %), ^{16}O (49 %), ^{26}Mg (2 %) ;
3 / ^{27}Al (4 %), ^{28}Si (96 %).

La composition 1) correspond à la matière d'une étoile de type solaire ayant subi toutes les transformations au centre jusqu'à la fin du carbone. Avec cette composition, on reproduit bien les abondances de la région silicium-calcium (^{28}Si, ^{32}S, ^{33}S, ^{34}S, ^{35}Cl, ^{39}K, ^{41}K, ^{40}Ca et ^{42}Ca). En revanche, les isotopes très riches en neutrons (^{36}S, ^{40}A, ^{46}Ca et ^{48}Ca) ne sont pas reproduits.

La composition 2) correspond à une matière provenant d'une étoile de type solaire ayant subi la fusion de l'hélium mais pas complètement celle du carbone. Cette composition aurait paradoxalement tendance à conduire à des noyaux un peu plus lourds : en effet, dans ce cas, un plus grand nombre de particules alpha peuvent être libérées et font progresser la nucléosynthèse.

En revanche, la composition 3) où l'on part de noyaux trop complexes ne reproduit pas les abondances observées.

On notera pour terminer que cette fusion explosive des zones à oxygène donne les mêmes résultats que la fusion du silicium en quasi-équilibre (étudiée au chapitre III).

4. **Explosion des zones à silicium.** – Si l'explosion intéresse des zones à des températures de l'ordre de 6 milliards de degrés et des densités de l'ordre de 100 millions de grammes par centimètre cube, on peut reproduire alors la composition isotopique du pic du fer jusqu'au cuivre 65.

On voit donc que ces processus explosifs parviennent à remodeler de façon convenable le paysage isotopique des noyaux compris entre le carbone et le cuivre.

III. – Les supernovae

On appelle « supernovae » les fortes explosions d'étoiles qui se produisent avec une fréquence moyenne de deux par siècle et par galaxie. Elles marquent, soit la fin fulgurante de l'évolution des étoiles de grande masse, supérieures à dix masses solaires (supernovae dites de type II), soit l'explosion brutale d'étoiles de masse plus faible faisant partie de systèmes doubles (supernovae de type I). Ce phénomène est étudié très activement par les astronomes depuis 1935 et l'on a pu ainsi caractériser les cinq supernovae qui ont explosé dans notre galaxie depuis l'an mil dont la supernova de la nébuleuse du Crabe, les supernovae Tycho et Kepler ainsi que Cassiopée A. Mais les recherches dans ce domaine se sont accélérées depuis l'observation de l'explosion de la supernova magellanique SN 1987A qui s'est produite il y a 170 000 ans dans le Grand Nuage de Magellan et qui fut observée effectivement dans la nuit du 23 au 24 février 1987 par l'astronome canadien Ian Shelton à l'observatoire de Las Campanas au Chili.

1. **Les caractéristiques observationnelles des supernovae.** – Toutes les supernovae, qu'elles soient de type I ou II, sont caractérisées par une augmentation très brutale de leur luminosité qui devient égale à un milliard de fois celle du Soleil. Après l'explosion qui ne dure qu'un temps très bref une fraction de seconde, cette luminosité intense décroît très vite, de façon parfaitement exponentielle pour les supernovae de type I et, de façon un peu moins régulière, pour les supernovae de type II. C'est ainsi que l'étoile de la constellation du Taureau qui donna naissance à la nébuleuse du Crabe fut visible en plein jour en l'an 1054 pendant une semaine puis cessa très rapidement d'être aussi brillante. Les différences entre ces deux types d'explosion tiennent aux faits suivants : les supernovae de type I se trouvent parmi les étoiles âgées des galaxies et leur spectre lumineux ne marque aucune trace de présence d'hydrogène. Les supernovae de type II ne se rencontrent que parmi les étoiles très jeunes et contiennent de l'hydrogène.

La supernova magellanique SN 1987A appartient au type II. Elle constitue néanmoins une exception pour les astronomes puisque l'étoile qui a explosé était une supergéante bleue au lieu d'être rouge comme on s'y attendait. En revanche, l'une des informations les plus précieuses recelées dans son observation vient de la détection des neutrinos émis au cours de son explosion qui contiennent cent fois plus d'énergie que celle transportée par la lumière. Cette détection a été effectuée par les dispositifs expérimentaux souterrains, Kamiokande et IMB, qui ont été sensibles aux onze neutrinos très énergétiques attendus dont la masse est inférieure à quelques électrons-volts (cent fois plus faible que la masse de l'électron) et ce, en raison de la simultanéité de leur arrivée sur les détecteurs.

2. **Les mécanismes à l'origine des explosions de supernovae.** – Les supernovae de type I et de type II correspondent à deux mécanismes déclencheurs différents. Les supernovae de type I correspondent à des étoiles relativement âgées faisant partie de systèmes doubles et recevant de ce fait de la matière provenant de leur compagnon par le processus dit d'accrétion[1]. Dès que la masse de l'objet dépasse une limite de 1,44 masse solaire (dite limite de Chandrasekhar dont la découverte valut à ce dernier le prix Nobel en 1983, la même année que William Fowler, l'un des « pères » de la nucléosynthèse), les réactions nucléaires qui partent de la fusion explosive du carbone aboutissent à la production d'un cœur de nickel 56 dont la désintégration en fer 56 conduit à une libération énergétique qui déclenche l'explosion complète de la supernova. Cette décroissance radioactive du nickel 56 explique la régularité exponentielle de la décroissance de la luminosité et le fait que chaque supernova de type I émet pratiquement la même énergie. Un grand programme international de mesure des distances des supernovae de

1. Leur degré d'évolution est tel que l'enveloppe externe, riche en hydrogène, a disparu depuis longtemps.

type I (qui ont donc toutes des luminosités intrinsèques semblables), mené grâce au télescope Spatial Hubble, a permis de mettre en évidence une accélération de l'expansion de l'univers. Celle-ci serait due à la présence d'une énergie de nature encore inconnue qui représenterait à elle seule les deux tiers du contenu global, masse et énergie, de l'univers.

La supernova de type II marque la fin de l'évolution d'une étoile jeune et massive : le cœur de cette étoile est constitué de fer qui compose l'élément nucléaire ultime auquel aboutit la nucléosynthèse stellaire. Si la masse du cœur de fer est supérieure à la masse de Chandrasekhar, celui-ci peut se contracter et donc s'échauffer jusqu'à des températures supérieures à 5×10^9 K. À ces températures, les réactions de photodésintégration $\gamma + {}^{56}Fe \rightarrow 13\ {}^{4}He + 4n$ puis celles de neutronisation par capture électronique des protons : $p + e^- \rightarrow n + \nu$ se déclenchent en des temps très brefs. Les neutrinos émis par cette dernière réaction emportent pratiquement toute l'énergie de l'explosion. Une partie de celle-ci fait éclater les couches externes qui contiennent encore de l'hydrogène. 99 % de l'énergie est donc émise sous forme de neutrinos. Dans le cas de la supernova magellanique, ces neutrinos ont été vus en février 1987, ce qui confirme de façon remarquable cette théorie des explosions de supernovae de type II. Le pourcent restant est émis sous forme de lumière, elle-même 10^9 fois plus brillante que celle émise par le Soleil.

L'observation et l'analyse des explosions des supernovae sont donc des domaines particulièrement actifs de l'astrophysique nucléaire. L'un des développements actuels les plus passionnants consiste à observer les raies de photons gamma émises par certains noyaux au moment où ils sont formés de façon explosive ou non. Cette spectroscopie gamma nucléaire qui est la conséquence directe de l'observation des supernovae constitue un champ d'études en plein essor.

IV. – **Les novae**

Les novae sont des étoiles explosives qui diffèrent fondamentalement des supernovae : en effet, au cours de leur explosion, elles n'émettent qu'une énergie de l'ordre de 10^{42} à 10^{44} ergs (soit environ 10 millions de fois plus faible que celle d'une supernova). De fait les novae forment une classe d'étoiles extrêmement variée ; la plupart d'entre elles sont appelées novae naines et émettent des énergies bien plus faibles, alors qu'on observe de temps en temps, comme en août 1975 dans la constellation du Cygne, une nova qui émet une énergie aussi grande que 10^{46} à 10^{47} ergs. On observe quelques dizaines d'explosions de novae par an dans une galaxie : leur taux d'apparition est 1 000 fois plus grand que celui des supernovae.

L'explosion d'une nova est un phénomène qui n'intéresse que les zones externes de l'étoile qui subit ce phénomène (généralement une naine blanche membre d'un système double). Le mécanisme de l'explosion actuellement proposé est un transfert de matière de l'étoile compagnon de la prénova sur celle-ci. Cette matière tombe sur la prénova avec une énergie suffisante pour déclencher le cycle CNO chaud étudié précédemment. En faveur de cette hypothèse sont les observations des abondances dans les novae qui montrent un enrichissement en C, N et O ainsi qu'une tendance à l'enrichissement de ^{13}C par rapport à ^{12}C, et ^{15}N par rapport à ^{14}N. Signalons enfin que les explosions des novae sont généralement des phénomènes récurrents qui intéressent la même étoile avec une périodicité qui dépend de l'énergie libérée au cours de l'explosion : l'énergie libérée au cours des explosions est d'autant plus grande que la période entre selle-ci est plus longue (relation de Kukarkin-Paranego).

Pour conclure ce chapitre, il existe de nombreux mécanismes par lesquels l'étoile peut libérer de l'énergie et de la matière de façon violente : le flash de l'hélium, les explosions de novae et de supernovae, sans oublier de mentionner les explosions d'étoiles très massives (10 000 à 100 000 $M_{\odot}$, si elles existent) pour expliquer les débits d'énergie énormes observés dans le centre de certaines galaxies. Ces mécanismes s'accompagnent ou même sont engendrés par des processus nucléosynthétiques exo-énergétiques qui modifient de façon sensible la composition isotopique de la matière qui les subit. Ce domaine de l'astrophysique nucléaire connaît actuellement des développements particulièrement intéressants.

Chapitre IV

NUCLÉOSYNTHÈSE DES ÉLÉMENTS LOURDS. RÉACTIONS D'ABSORPTION DE NEUTRONS

Les processus de fusion et d'équilibre expliquent la formation des éléments depuis l'hélium jusqu'au pic du fer. Les éléments plus lourds de masse atomique supérieure à 65 ne sont pas synthétisés par ces mécanismes : leur abondance est beaucoup plus importante que celle qui résulterait des réactions d'équilibre ; les températures au centre des étoiles ne sont pas assez élevées pour que les réactions de fusion entre particules chargées susceptibles de les former aient un taux de réaction suffisant. Leur formation s'explique par le processus de capture des neutrons. En effet, les neutrons n'ont pas à vaincre la répulsion coulombienne pour pénétrer dans les noyaux ; d'autre part, les neutrons réagissent d'autant mieux avec les noyaux que ceux-ci sont plus lourds ; enfin, pendant certaines phases de la vie de l'étoile, d'importants flux de neutrons peuvent être créés en son centre.

I. – Les différents mécanismes d'absorption de neutrons

Considérons la courbe d'abondance des éléments lourds (fig. 9, page suivante). Sa tendance générale est de décroître lentement à mesure que les masses atomiques augmentent. Cette lente décroissance est une

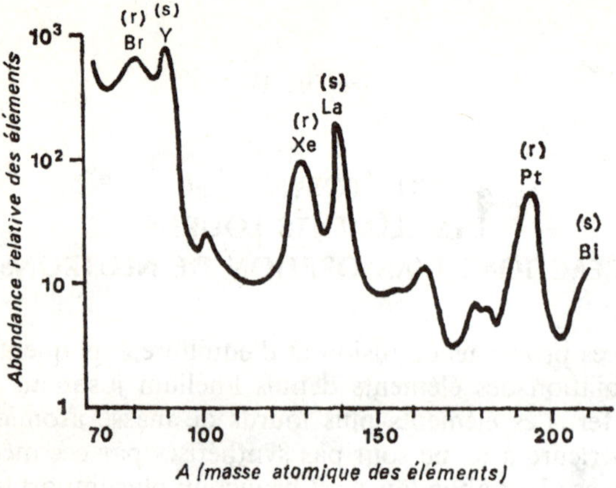

Fig. 9. – Courbe des abondances d'éléments lourds

On note les trois pics du brome et de l'yttrium, du xénon et du lanthane, du platine ex du bismuth, correspondant à des noyaux à nombre magique de nucléons. Les pics « r » (brome, xénon, platine) sont à gauche des pics « s » correspondants. On note de plus une lente décroissance de l'abondance des éléments en fonction de la masse atomique, caractéristique des processus d'absorption de neutrons.

raison de plus en faveur du mécanisme d'absorption neutronique : les autres processus conduisent à des pentes plus raides. Sur la courbe d'abondance on remarque la présence de trois pics à deux bosses, brome et yttrium, xénon et lanthane, platine et bismuth. Ces pics correspondent à une propriété particulière du modèle en couches des noyaux que nous avons évoqué au chapitre III : de même que les atomes ayant toutes leurs couches électroniques remplies sont inactifs chimiquement (ils constituent la classe des gaz rares : hélium, néon, argon, etc.), de même les noyaux ayant leurs couches nucléaires remplies sont moins sensibles aux réactions nucléaires et sont donc plus stables que leurs voisins. Ce qui explique la surabondance particulière des isotopes dont le nombre de protons (ou de neutrons) est un nombre « magique » : 50, 82, 120, etc., correspondant au remplissage complet d'une couche nucléaire. Ces noyaux résultent en effet de la capture de neutrons effectuée sur leurs voisins. Une fois cette capture opérée, ces éléments sont plus résistants à l'action des neutrons.

On peut représenter les noyaux stables sur un diagramme (fig. 10, page suivante) où l'on porte en abscisses le nombre N de neutrons et en ordonnées le nombre Z de protons. Les isotopes (de même nom et de même numéro atomique Z) se trouvent sur une ligne horizontale. Les isobares (de même masse atomique) se trouvent sur une diagonale. Les noyaux stables sont désignés par les lettres « p » (noyaux dont le nombre relatif de protons est élevé), « s » et « r » (noyaux dont le nombre relatif de neutrons est élevé). Cette terminologie va être expliquée dans la suite. Aux valeurs paires du numéro atomique Z, correspondent plusieurs isotopes stables (par exemple, l'étain, de Z égal à 50, a dix isotopes naturels). De même, les masses atomiques paires regroupent un à trois isobares. En revanche, les valeurs impaires du numéro atomique et du poids atomique ne correspondent qu'à un (quelquefois deux) isotope et un isobare.

Imaginons maintenant la suite des événements qui vont se produire si les noyaux sont soumis à un flux de neutrons. Quand un noyau capture un neutron, il devient un isotope du même élément avec une unité de plus de poids atomique :

$$(Z, A) + n \rightarrow (Z, A + 1) + \gamma.$$

Si le noyau (Z, A + 1) est stable, il subsiste jusqu'à ce qu'il capture un autre neutron. Par contre, si le

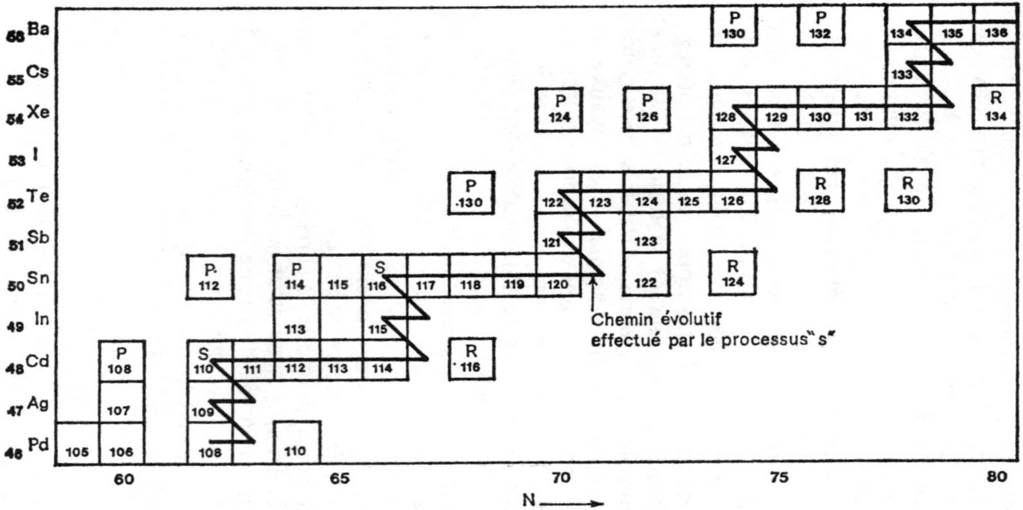

Fig. 10. – Fragment d'une charte nucléaire dans laquelle on porte en abscisses le nombre de neutrons N et en ordonnées le nombre de protons Z. Les isobares (noyaux ayant la même masse atomique) se trouvent sur une diagonale. On a représenté le chemin évolutif effectué par le processus « s ». Le noyau ^{116}Cd est un noyau « r ». À gauche du diagramme on trouve quelques éléments « p » ^{112}Sn et ^{114}Sn qui se sont synthétisés ni par le processus « s », ni par le processus « r ».

noyau (Z, A + 1.) est radioactif, tout dépend de l'importance du flux de neutrons. Si le flux de neutrons est faible, le noyau (Z, A + 1) se désintègre avant d'absorber un neutron et l'on passe au noyau (Z + 1, A + 1). Si, par contre, le flux de neutrons est intense, le noyau (Z, A + 1) absorbe un neutron sans avoir le temps de se désintégrer, on passe du noyau (Z, A + 1) au noyau (Z, A + 2). Les éléments synthétisés par le premier processus sont appelés éléments « s » (de l'anglais *slow* = lent) (§ III). Cette chaîne de réactions « s » fabrique les noyaux les plus symétriques en nombre de protons et de neutrons.

Les isotopes synthétisés par le deuxième processus ont un noyau particulièrement riche en neutrons et sont appelés éléments « r » (« r » = rapide).

Les éléments stables dénommés « p », particulièrement riches en protons, ne sont pas synthétisés par ces deux chaînes. Leur origine est encore mal connue et sera discutée au § V.

Avant d'étudier en détail le processus « s » et le processus « r », nous allons décrire les caractéristiques des réactions d'absorption de neutrons et les principales sources de flux.

II. – Caractéristiques des réactions d'absorption de neutrons

L'absorption des neutrons se fait par une réaction de type (Z, A) + $n \rightarrow \gamma$ + (Z, A + 1)[1]. Les sections effi-

1. Ainsi que nous l'avons vu au chapitre II (§ 1, 2) les nucléons sont disposés dans le noyau dans des couches analogues aux couches électroniques pour l'atome. Les photons émis dans la réaction de capture de neutrons proviennent du réarrangement de nucléons dans ces couches de la même façon que des photons sont émis par le passage d'un électron d'une couche à l'autre.

caces correspondant à ces processus sont généralement plus importantes que les sections efficaces de fusion : par exemple le gadolinium 155 présente une section efficace de capture de 80 000 barns (un barn est égal à 10^{-24} cm^2) alors que la surface géométrique du noyau ne dépasse pas deux barns. Les noyaux lourds sont donc, pour la plupart, extrêmement avides de neutrons.

Si l'on porte sur un graphique (fig. 11) les sections efficaces de capture en fonction de la masse atomique de la cible, on remarque, comme nous le pressentions, que les noyaux présentant des nombres magiques[1] de

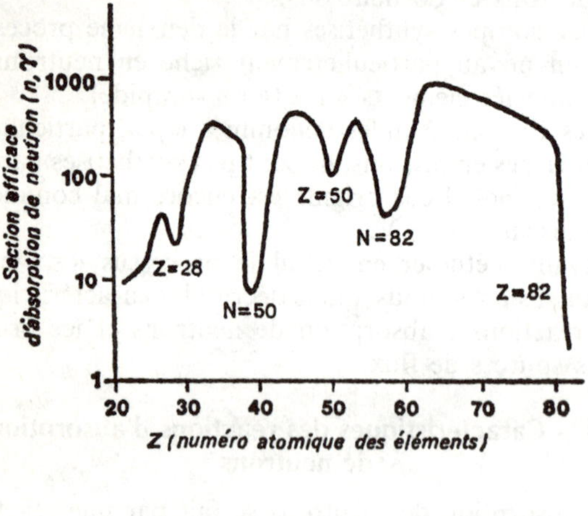

Fig. 11. – Section efficace de capture (n, γ). Les creux de la courbe sont dus à la présence de noyaux magiques plus réfractaires à l'absorption de neutrons.

1. La notion de nombre magique pour les noyaux est analogue à celle des gaz rares (hélium, argon, néon) pour les atomes : lorsqu'une couche électronique est formée, c'est-à-dire a un nombre

nucléons ont une section efficace d'absorption très faible par rapport à leurs voisins.

Enfin, contrairement aux sections efficaces de fusion, les sections efficaces de capture sont d'autant plus élevées que la vitesse relative des neutrons vis-à-vis des cibles est plus faible. Dans la plupart des cas, la section efficace est inversement proportionnelle à la vitesse. À l'intérieur des étoiles, le taux de réactions d'absorption $< \sigma v >$ par unité de paire et par seconde (défini au chapitre II) est pratiquement constant quelle que soit la température.

III. – Le processus « s »

1. **Principales sources de neutrons.** – Des neutrons sont produits tout au long de l'évolution stellaire par un grand nombre de réactions entre particules chargées. Cependant, on n'obtient des flux suffisants que sous certaines conditions de température, donc à certains moments particuliers de l'évolution de l'étoile. Le processus « r » nécessite des flux de neutrons particulièrement intenses (10^{23} neutrons.cm^{-3} au moins). Ces flux ne peuvent être obtenus que dans les phases explosives de la vie de l'étoile (chap. III). Nous nous bornons ici à l'étude des principales sources conduisant au processus « s ».

Si l'on excepte les réactions $^{12}C + ^{12}C \rightarrow ^{23}Mg + n$ et $^{16}O + ^{16}O \rightarrow ^{31}Si + n$ qui opèrent durant les dernières phases de l'évolution des étoiles massives et qui pro-

complet d'électrons, l'atome correspondant est particulièrement inactif chimiquement. De même, un noyau à nombre magique de nucléons (correspondant à la fermeture d'une couche de nucléons) est particulièrement inactif du point de vue des réactions nucléaires.

duisent respectivement 10 et 100 neutrons par noyau de fer[1], les réactions qui sont à l'origine de la plupart des neutrons nécessaires au processus « s » intéressent ^{13}C et ^{22}Ne et se déroulent durant la phase géante rouge.

Dans les géantes rouges de petite masse (inférieure à 2-3 $M_\odot$), la réaction la plus importante est la réaction $^{13}C(\alpha, n)\ ^{16}O$ qui peut se produire pendant ou après le flash de l'hélium lorsque l'hélium des régions centrales vient réagir avec le ^{12}C contenu dans les zones de combustion de l'hydrogène. Dans les géantes rouges de grande masse, ^{14}N réagit avec l'hélium suivant la réaction $^{14}N(\alpha, \gamma)\ ^{18}F(+\beta)\ ^{18}O$. ^{18}O conduit lui-même à ^{22}Ne solvant la chaîne des réactions décrites p. 52 et les neutrons proviennent principalement de $^{22}Ne(\alpha, n)\ ^{25}Mg$. Dans les deux cas, on peut atteindre des flux allant jusqu'à 10^5 neutrons par noyau de fer.

D'autres réactions de moindre importance peuvent se produire au cours de la fusion du carbone et de l'oxygène.

$^{12}C + ^{12}C \rightarrow ^{23}Mg + n$ produit dix neutrons par atome de fer à un milliard de degrés ; $^{16}O + ^{16}O \rightarrow ^{31}Si + n$ permet d'obtenir une centaine de neutrons par atome de fer à température plus élevée.

2. **Déroulement et caractéristique du processus « s » (lent).** – Dans une région de température T et de densité de neutrons $n_n(t)$ (qui peut varier au cours du

1. En raison de leur abondance, les noyaux du pic du fer constituent la meilleure source d'éléments lourds. On mesure donc l'efficacité relative de ces diverses réactions en nombre de neutrons par noyau de fer.

temps), l'abondance d'un noyau lourd de masse atomique A est donnée par la relation :

$$\frac{dN_A(t)}{dt} = - <\sigma v>_A n_n(t) N_A(t) + <\sigma v>_{A-1} n_n(t) N_{A-1}(t)$$

$\frac{dN_A(t)}{dt}$ représente la variation de l'abondance du noyau A. Le premier terme de l'expression de droite est le terme de destruction, le second le terme de formation dû aux réactions (n, γ).

En utilisant la propriété suivante : section efficace moyenne et vitesse v_n des neutrons constantes pendant la durée du processus (voir § II), on peut écrire plus simplement que :

$$\frac{dN_A}{d\varphi} = - \sigma_A N_A + \sigma_{A-1} N_{A-1}$$

où φ est le flux de neutrons irradiant les noyaux lourds. Nous ne résoudrons pas ici ces équations. On peut remarquer toutefois que si l'abondance N_A de A est faible, les réactions (n, γ) tendront à l'augmenter car $\sigma_{A-1} N_{A-1}$ est plus grand que $\sigma_A N_A$. C'est le contraire si N_A est trop grand : il tend alors à être détruit. La solution de ces équations tend donc vers un état d'équilibre tel que :

$$N_A \sigma_A = N_{A-1} \sigma_{A-1}.$$

Ce résultat très simple représente la démonstration la plus convaincante en faveur de ce processus. On peut le voir simplement par une méthode graphique : la courbe représentant les abondances des éléments lourds en fonction de leur masse atomique présente des « pics » (fig. 9) correspondant aux éléments à nombre magique de nucléons. La courbe (fig. 11) représentant la section efficace d'absorption de neutrons en fonction de la masse atomique présente des dépressions pour les mêmes éléments (corps inactifs nucléairement). Si on trace la courbe (fig. 12) représentant le produit de ces

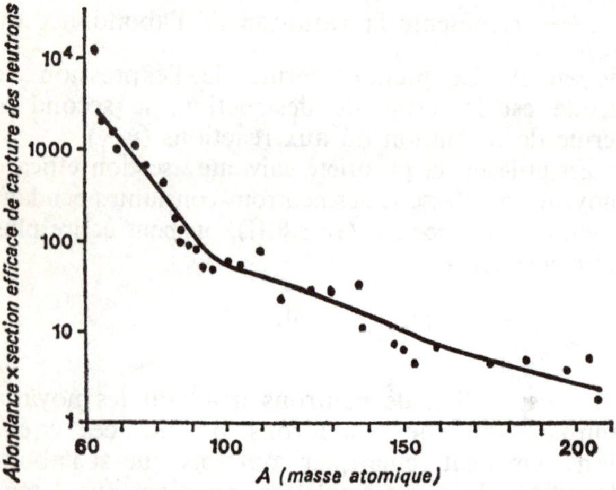

Fig. 12. – Produit de la section efficace de capture de neutrons par l'abondance des éléments lourds en fonction de leur masse atomique. Les creux et les bosses des figures 12 et 14 ont disparu : l'aspect monotone de la courbe est la meilleure preuve de l'efficacité nucléosynthétique du processus « s »

deux grandeurs en fonction de la masse atomique, on s'aperçoit que ces accidents disparaissent et que la fonction décroît de façon monotone pour les éléments « s ». Les noyaux lourds sont donc bien formés par absorption de neutrons. Si l'équilibre avait été complet, on devrait donc trouver une droite parallèle à l'axe des abscisses. Cette lente décroissance signifie simplement que l'équilibre total n'est pas atteint dans les abondances de type solaire.

Les astrophysiciens qui ont étudie le processus « s » ont montré que, pour reproduire les abondances solaires, il faut supposer une série d'irradiations neutroniques sur des noyaux de fer. Cette série est constituée de longues irradiations sur un petit nombre de noyaux de fer auxquelles on ajoute de courtes irradiations sur tout l'ensemble du fer. Les courtes irradiations sont responsables des noyaux voisins du fer, les longues irradiations, des noyaux plus lourds.

Habituellement la surface des étoiles ne reflète pas l'abondance des éléments synthétisés dans les régions internes : sauf en cas de profond mélange, les éléments restent dans les régions où ils sont formés. Cependant, on a observé dans le spectre de certaines étoiles à surface froide la présence d'un élément instable, le technétium (durée de vie : cent mille ans) qui n'a pu être synthétisé que par l'étoile elle-même. De même, d'autres étoiles évoluées montrent une surabondance en baryum qui doit être due à l'étoile elle-même, Le processus « s » est donc l'un des rares mécanismes nucléosynthétiques pour lequel on a une preuve expérimentale irréfutable (la courbe σN) et dont le résultat se manifeste à la surface de certaines étoiles.

IV. – **Le processus rapide**

Des flux intenses de neutrons peuvent être produits : 1 / soit dans des régions de l'étoile où la température est supérieure au milliard de degrés et où des réactions (γ, n) peuvent être induites par les photons ; 2 / soit dans les explosions de supernovae. Par exemple, dans les conditions de température T et de densité ρ qui règnent dans les supernovae (T = 10^9 K, $\rho = 10^9$ g.cm^{-3}), les électrons ont tendance à interagir avec les noyaux chargés ou les protons libres pour donner :

$$p + e^- \rightarrow n + \nu$$

ces neutrons peuvent être accélérés dans les zones externes par l'onde de choc et irradier rapidement les noyaux lourds en donnant naissance au processus « r ».

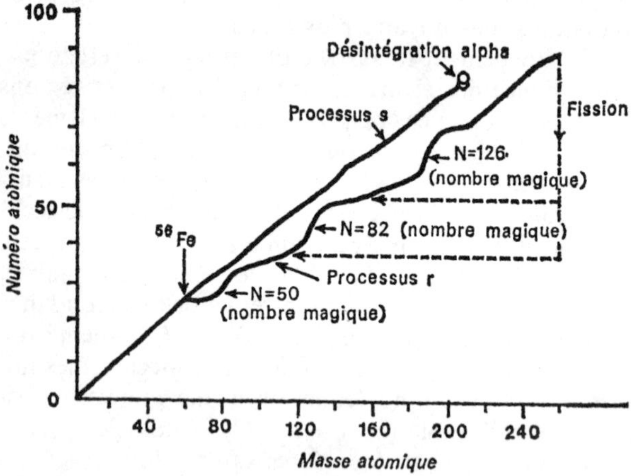

Fig. 13. – Chemins évolutifs du processus « s » et du processus « r »

Le processus « s » (chemin évolutif du haut) se termine au plomb 209 parce que la désintégration α pour ce noyau l'emporte sur le processus de capture de neutrons. Le processus « r » (chemin évolutif du bas) a un comportement particulier au niveau des noyaux à nombre magique de nucléons. Dans ces régions, la durée de vie du processus (n, γ) devient du même ordre de grandeur que celle de la réaction inverse (γ, n) (en raison de la grande stabilité des noyaux à nombre magique), d'où les « marches d'escalier » au voisinage de ces points

La trajectoire nucléosynthétique du processus « r » est différente de celle du processus « s » (fig. 13). Les noyaux absorbent rapidement un grand nombre de neutrons jusqu'à ce que la durée de vie de la réaction $\gamma + (A, Z) \rightarrow n + (A - 1, Z)$ devienne plus courte que celle de $(A, Z) + n \rightarrow (A + 1, Z) + \gamma$. À ce moment-là le noyau (A, Z) ne peut plus absorber de neutrons et subsiste jusqu'à ce que se produise une désintégration bêta. Le mécanisme se poursuit ainsi. Il favorise la formation des éléments à nombre magique de neutrons qui sont beaucoup plus stables que les autres et auxquels d'autres neutrons peuvent difficilement s'accrocher. Ces éléments magiques dus au processus « r » constituent les trois pics d'abondance à gauche des pics produits par le processus « s » (fig. 8).

Le processus « r » est le seul qui permette de synthétiser les éléments au-dessus du plomb. En effet, la synthèse par processus « s » s'arrête au plomb 209. Le processus « r », encore relativement mal connu, est donc le seul responsable d'éléments aussi importants que l'uranium, le thorium et le plutonium, qui jouent un grand rôle dans la connaissance de l'évolution chimique à l'échelle galactique.

V. – Origine des éléments « p »

Comme le montre clairement la figure 10, les réactions d'absorption (lente ou rapide) de neutrons sont incapables de former certains isotopes d'éléments lourds. Les isotopes dont le noyau est particulièrement riche en protons sont appelés « éléments p ». Il en existe une vingtaine dans la nature (du sélénium 74 au mercure 196). Ces isotopes sont 100 à 1 000 fois moins abondants que les isotopes « s » et « r » correspondants. Leur courbe d'abondance est presque parallèle à celle des noyaux « s » et « r » (fig. 1, région V). Bien que leur origine ne soit pas encore très bien connue, on peut cependant faire une revue des mécanismes susceptibles d'en rendre compte. Ces mécanismes appartiennent à trois catégories qui utilisent toutes trois les éléments « s » et « r » comme cibles.

a) Transformation des éléments « s » et « r » en éléments « p » de masse atomique plus faible par réactions de spallation (voir la définition de ce processus au chapitre V).

b) Transformation, dans les noyaux d'éléments « s » ou « r », de neutrons en protons par absorption de positrons ou de photons.

c) Réactions thermonucléaires d'absorption de protons ou d'éjection de neutrons. C'est de fait le mécanisme le plus plausible.

1. **Production des éléments « p » par réactions de spallation.** – Les éléments « p » peuvent être produits à partir des éléments « s » et « r » plus lourds, par des réactions semblables à celles qui transforment les noyaux de carbone, azote ou oxygène, en noyaux de lithium, béryllium ou bore (chap. V). Ces réactions peuvent être produites soit par des protons rapides (énergie supérieure à quelques dizaines de mégaélectron-volts) engendrés dans les enveloppes des supernovae riches en éléments lourds, soit par le rayonnement cosmique galactique dans le milieu interstellaire. Les calculs montrent que ces processus, à eux seuls, n'expliquent pas les abondances des éléments « p ». Seuls les noyaux « p » les plus lourds (isotopes de l'osmium, du platine ou du mercure) peuvent éventuellement trouver leur origine dans les réactions de spallation effectuées sur les éléments du pic du plomb.

2. **Transformation de neutrons en protons par interaction faible.** – Rappelons que les interactions faibles sont les réactions faisant intervenir les électrons négatifs et positifs (positrons) ainsi que les muons et les neutrinos ; l'ensemble de ces particules constitue la famille des leptons.

Un noyau *p* peut être formé à partir d'un noyau *s* par les réactions suivantes :

$$N(A, Z) + \gamma \rightarrow N'(A, Z + 1) + \bar{\nu} + e^-$$
$$N(A, Z) + e^+ \rightarrow N'(A, Z + 1) + \nu$$

le photon et/ou le positron transforment le neutron

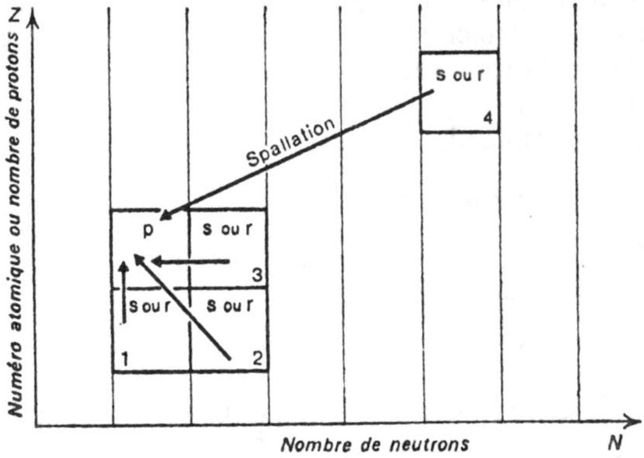

Fig. 14. – Schéma des différents mécanismes de production d'un élément « p » (élément lourd à noyau riche en protons) à partir d'éléments « s » ou « r » (éléments lourds produits par absorption de neutrons). Ces mécanismes sont représentés sur un fragment d'une charte nucléaire comparable à celle de la figure 13.

On peut passer du noyau « s, r » (1) au noyau « p » par réaction thermonucléaire (n, γ) ; du noyau « s, r » (2) au noyau « p », soit par réaction thermonucléaire (p, n), soit par interaction faible, d'absorption de positrons ou d'absorption de photon suivie d'émission d'électrons ; du noyau « s, r » (3) au noyau « p » par réaction d'absorption de photon suivi d'émission de neutron ; du noyau « s, r » (4) au noyau « p » par réaction de spallation.

en proton avec émission d'un neutrino et, dans le cas de la réaction induite par un photon, d'un électron. Ces réactions sont susceptibles de se produire à l'intérieur des étoiles à des températures comprises entre 8×10^8 et 2×10^9 K. Cependant, la possibilité de réaction varie très fortement d'un noyau « s » à l'autre, ce qui empêche ce mécanisme de reproduire la courbe d'abondance régulière des éléments « p ». À l'exception peut-être du noyau ^{164}Er, ces réactions ne doivent pas être le mécanisme principal moteur du processus *p*.

3. **Réactions thermonucléaires**. – Certaines réactions thermonucléaires peuvent être invoquées pour expliquer la formation des éléments « p » à partir des éléments « s » et « r » :

1) Réactions de capture radiative de protons :

$$N(A, Z) + p \rightarrow N'(A + 1, Z + 1) + \text{photon}.$$

2) Réactions de capture de proton avec, en même temps, émission de neutrons :

$$N(A, Z) + p \rightarrow n + N'(A, Z + 1).$$

3) Réactions inverses de l'absorption de neutrons :

$$N(A, Z) + \text{photon} \rightarrow n + N'(A - 1, Z).$$

Ces réactions sont représentées dans la figure 14.

Elles ne sont efficaces qu'à des températures supérieures au milliard de degrés : en effet, les deux premières sont des réactions entre particules chargées présentant une grande répulsion coulombienne (voir chap. II) (on rappelle que la répulsion coulombienne est proportionnelle au numéro atomique du noyau Z). Les protons ne peuvent vaincre cette barrière que s'ils ont une énergie thermique élevée. La troisième réaction nécessite une grande densité de photons (proportionnelle à la quatrième puissance de la température suivant la loi de Planck), elle est donc également favorisée par des températures très élevées.

Ces mécanismes de nucléosynthèse explosive sont de fait ceux qui apparaissent les plus vraisemblables aujourd'hui. Comme le montrent des calculs récents, on peut synthétiser de façon satisfaisante les éléments *p* dans une région riche en hydrogène portée à des températures comprises entre 10^9 et 2×10^9 K et des densités de l'ordre de 10^4 $g.cm^{-3}$. Bien que ces conditions thermodynamiques soient difficiles à réaliser, ce type de nucléosynthèse explosive qui reproduit la courbe régulière des éléments *p* apparaît comme le plus prometteur aujourd'hui.

Chapitre V

RÉACTIONS À HAUTE ÉNERGIE. CRÉATION DU LITHIUM, BÉRYLLIUM, BORE. RAYONNEMENT COSMIQUE

Il reste une classe d'éléments dont nous n'avons pas encore rendu compte. Ce sont les éléments compris entre l'hélium et le carbone : c'est-à-dire le lithium, le béryllium et le bore. Ces éléments sont beaucoup moins liés et sont donc moins stables que leurs voisins. Au centre des étoiles, ils ne sont pratiquement pas synthétisés par réaction de fusion ; de plus, ils sont détruits en raison de la température du milieu. Leurs abondances observées ont beau être très faibles (tableau 7), les réactions thermonucléaires ne permettent pas de les expliquer. On pense maintenant que ces éléments ont été formés par des réactions de très grande énergie. Ces réactions n'ont pas pour effet de conduire à une fusion mais à une destruction partielle de la particule la plus lourde par la plus légère. On appelle ces réactions : réactions de spallation (du verbe anglais *to spall* : frapper, faire éclater avec un marteau). Les particules interagissantes ont des énergies relatives de l'ordre de 10 MeV (ou au-dessus), alors qu'au centre des étoiles les plus chaudes les énergies des particules sont de l'ordre de 100 keV. Dans ce chapitre, nous examinons successivement les caractéristiques des réactions de spallation et la création des éléments légers. À ce propos, nous serons amenés à évoquer le rayonnement cosmique galactique.

I. – Caractéristiques des réactions de spallation

On appelle projectile toute particule incidente dont l'énergie est supérieure à 10 MeV. Des projectiles comme des protons ou des particules alpha sont capables d'arracher des nucléons ou groupes de nucléons à des noyaux complexes et ce de façon endothermique. Il faut en effet fournir une énergie suffisante pour compenser les forces nucléaires qui retiennent les nucléons dans le noyau. L'énergie minimale qu'il faut fournir est appelée seuil de la réaction. Comme exemple de réaction de spallation, citons $^{12}C + p \rightarrow {}^{7}Li + 2p + \alpha$.

La section efficace (définie au chapitre II) d'un certain nombre de ces réactions a été mesurée expérimentalement (fig. 15). Les fonctions d'excitation (ou section efficace en fonction de l'énergie incidente) présentent des caractéristiques remarquables. La section efficace est nulle au seuil, puis croît assez rapidement jusqu'à un maximum situé à une énergie égale à celle du seuil plus 10 à 20 MeV. La section efficace décroît ensuite doucement jusqu'à des énergies de l'ordre de 100 à 200 MeV et reste pratiquement constante au-delà. Le maximum de la fonction d'excitation est d'autant plus accusé que le seuil est plus bas.

On peut expliquer qualitativement le comportement particulier de ces sections efficaces. À partir du seuil, à mesure que l'énergie augmente, les nucléons peuvent s'évader plus facilement du noyau cible. La section efficace augmente donc. À mesure que l'énergie augmente, d'autres réactions sont alors possibles, ce qui diminue la probabilité d'un processus de spallation particulier (d'où le maximum et la lente décroissance). La section efficace devient constante

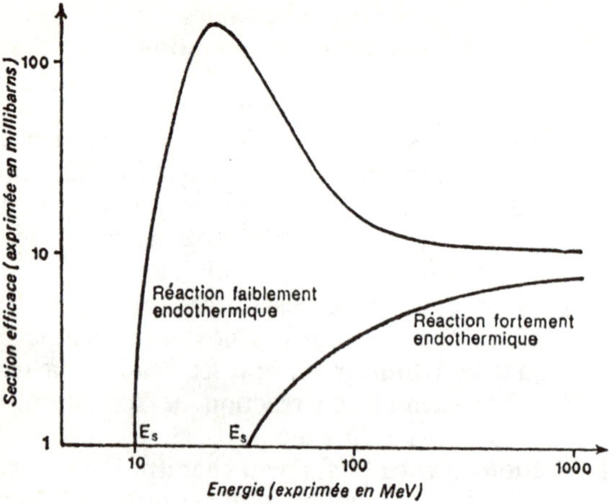

Fig. 15. – Allure caractéristique des sections efficaces de spallation

Les réactions de spallation sont endothermiques : leurs sections efficaces sont nulles avant un certain seuil E_s. La courbe (1) représente l'allure d'une section efficace de spallation à faible seuil. On remarque un maximum à basse énergie suivi d'un plateau à grande énergie. Les sections efficaces des réactions plus endothermiques (courbe 2) ne présentent pas de maximum à basse énergie mais augmentent lentement dans le domaine des énergies élevées.

(tout au moins approximativement) lorsque toutes les réactions de spallation imaginables sur la cible sont possibles.

Le modèle de Serber qui rend compte des réactions de spallation est un modèle ä deux étapes. La première étape est appelée cascade ïntra-nucléaire. La particule incidente pénètre dans la cible et interagit par une suite de chocs individuels avec les nucléons du noyau (fig. 16), quelques nucléons sont alors émis

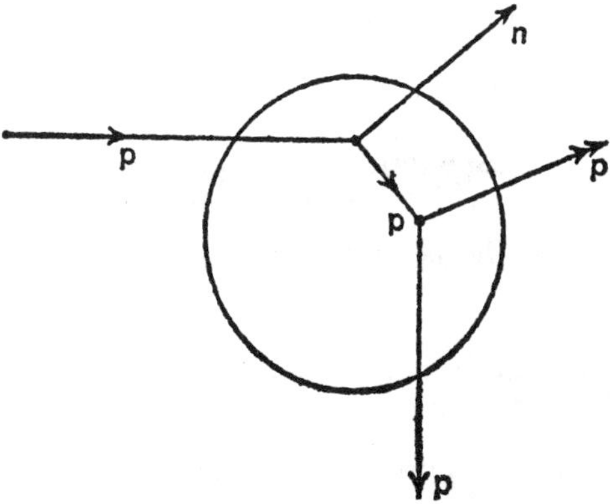

Fig. 16. – Représentation schématique de la première étape (ou cascade intranucléaire) des réactions de spallation. La particule incidente pénètre dans le noyau et y effectue quelques collisions avant d'en sortir accompagnée des nucléons qu'elle a frappés. Le noyau résiduel excité qui subsiste alors est prêt à subir la deuxième étape d'évaporation plus lente de nucléons (ou groupe de nucléons).

avec le proton incident qui laisse le noyau résiduel avec une certaine quantité d'énergie d'excitation. Cette phase ne dure que le temps de transit du proton à l'intérieur du noyau, soit de 10^{-21} à 10^{-23} s. L'énergie d'excitation du noyau résiduel est libérée au cours de la deuxième étape du processus (évaporation du noyau résiduel). Le noyau résiduel se désexcite en effet en « évaporant » successivement des nucléons de façon statistique. Cette phase est beaucoup plus « longue » et dure 10^{-16} s.

À l'aide de ce modèle, des formules empiriques ont été mises au point qui rendent bien compte des sections efficaces. Retenons que leur valeur se situe en moyenne entre 10^{-27} et 10^{-25} cm^2, le plus généralement à 10^{-26} cm^2 (ou encore 10 millibarns, avec 1 barn = 10^{-24} cm^2).

II. – Caractéristiques des abondances des éléments légers

L'analyse de la formation de ces éléments est guidée : 1) par l'étude des résultats d'observation (le tableau 7 réunit ces données observationnelles) ; 2) par la considération des sections efficaces de formation et de destruction.

1. Analyse des données nucléaires.

A) *Formation des éléments légers.* – Les noyaux contribuant le plus à la formation de ces éléments sont le carbone, l'azote et l'oxygène. Ce sont à la fois les éléments les moins lourds et les plus abondants dans ce domaine de masses atomiques. À des énergies supérieures à 100 MeV, les rapports de formation des éléments légers entre eux sont simplement donnés par les rapports de sections efficaces de spallation qui sont alors indépendantes de l'énergie. Pour un gaz d'abondances solaires frappé par des protons de 100 MeV (et au-dessus), on obtient :

$\sigma(B)/\sigma(Li) = 1{,}5 \quad \sigma(Li)/\sigma(Be) = 20$
$\sigma(^7Li)/\sigma(^6Li) = 1{,}7 \quad \sigma(^{11}B)/\sigma(^{10}B) = 3.$

En fait les flux de protons observés sont plus riches en particules de basse énergie qu'en particules de haute énergie. On montre expérimentalement que le nombre des protons d'énergie E suit la loi :

$$n(E) = KE^{-\gamma}$$

où $n(E)$ est le nombre de protons d'énergie E et γ un exposant variant de 2 à 5.

Tableau 7. – **Observations concernant les éléments légers Li-Be-B**

Rapports	*Étoiles T Tauri*	*Étoiles F*	*Étoiles G*	*Soleil*	*Système solaire*	*Rapport moyen de formation*
Li/H	$\simeq 10^{-9}$	10^{-10}-10^{-9}	10^{-11} à 10^{-10}	10^{-11}	10^{-9}	
$^{7}Li/^{6}Li$	Inconnu	> 10	> 10	> 10	12,5	2
Be/H	Inconnu	2×10^{-11}	10^{-11}	2×10^{-11}	2×10^{-11}	
Li/Be	Inconnu	5 à 50	1 à 10	1	50	30
$^{11}B/^{10}B$	Inconnu	Inconnu	Inconnu	Inconnu	4	3
B/H	Inconnu	Inconnu	Inconnu	$\sim 10^{-10}$	10^{-10} à 2×10^{-9}	
Li/B	Inconnu	Inconnu	Inconnu		0,2 à 7	0,5

Les rapports entre éléments et les rapports isotopiquea mentionnés plus haut ne changent pas fondamentalement dans ce cas (tableau 7).

B) *Destruction des éléments légers.* – La très faible abondance de ces éléments s'explique par le caractère exothermique de leurs réactions de destruction ainsi que leurs grandes sections efficaces. Par exemple, la section efficace de destruction du béryllium est de 600 millibarns pour des protons d'énergie comprise entre 300 keV et 3 MeV, soit 200 fois la valeur de la section efficace de formation.

Ces réactions de destruction appartiennent à la classe des réactions de fusion discutées au chapitre II : à basse énergie, les sections efficaces de destruction sont d'autant plus grandes que la charge des noyaux est plus faible (barrière coulombienne plus petite). C'est ainsi que pour des énergies $E_p < 25$ keV, on a :

$$\sigma_d(^6Li) > \sigma_d(^7Li) > \sigma_d(^9Be) > \sigma_d(^{11}B) > \sigma_d(^{10}B)$$

où σ_d représente la section efficace de destruction du noyau considéré : en effet, le lithium 6 étant l'élément le plus léger et le moins chargé oppose aux protons une barrière de coulomb beaucoup plus faible que les autres isotopes, donc a une section efficace de destruction plus élevée. Le fait que $\sigma_d(^{11}B) > \sigma_d(^{10}B)$ reflète simplement la différence de leurs paramètres nucléaires. (Ces deux isotopes opposent aux protons incidents la même barrière coulombienne.)

À plus haute énergie ($Ep > 25$ keV), on entre dans le domaine des résonances (chap. II). Les sections efficaces de destruction du lithium et du béryllium sont alors dans l'ordre :

$$\sigma_d(^9Be) > \sigma_d(^6Li) > \sigma_d(^7Li).$$

Nous verrons par la suite l'utilité de ces faits expérimentaux :

2. **Résumé des données observationnelles.**

A) Les étoiles les plus jeunes sont celles qui présentent ä leur surface la plus grande abondance de lithium :

$$8 \times 10^{-10} < \frac{Li}{H} < 4 \times 10^{-9}.$$

B) Les étoiles vieilles de la Galaxie ont une quantité de lithium de cinq à dix fois plus faible que les étoiles jeunes.

C) Les étoiles appartenant ä un même amas ont pratiquement le même âge. Elles se distinguent les unes des autres par leur masse et la température de leur surface. Les étoiles les plus massives ont également la température de surface la plus élevée. On remarque une corrélation des abondances de lithium avec l'âge de l'amas et avec la température superficielle :

1 / pour une température déterminée, les étoiles ont d'autant plus de lithium ä leur surface qu'elles sont les plus jeunes ;
2 / pour un âge déterminé, les étoiles ont d'autant plus de lithium qu'elles ont une surface plus chaude (pour des températures comprises entre 5 600 K ä 8 000 K).

D) En revanche, l'abondance du béryllium est toujours égale ä 2×10^{-11} (rapportée ä l'hydrogène), sauf pour quelques étoiles de température supérieure ä 6 600 K, qui ont une abondance de béryllium environ

B.M.
Sevres

10 fois plus petite que la normale. Dans le milieu interstellaire son abondance est inférieure à 7×10^{-11}.

E) Le rapport isotopique $^{7}Li/^{6}Li$ observé à la surface des étoiles est supérieur à 10, quelle que soit la température superficielle. Ce rapport est égal à 12,5 sur la Terre et dans les météorites.

F) Le bore a été observé à la surface de certaines étoiles A ainsi qu'à la surface du Soleil. Son abondance par rapport à l'hydrogène est de l'ordre de 1 à 2×10^{-10}. Elle est relativement plus grande dans certaines chondrites carbonées (jusqu'à 2×10^{-9}). Dans le milieu interstellaire son abondance est inférieure à 2×10^{-9}.

Pour l'observation des éléments légers, le système planétaire, plus particulièrement les météorites, représente un matériel de choix : les rapports isotopiques $^{7}Li/^{6}Li$ et $^{11}B/^{10}B$ sont constants d'une météorite à l'autre et respectivement égaux à 12,5 et à 4. Les météorites et les planètes ne présentent pas les mêmes abondances en hydrogène et en hélium que le Soleil à cause de l'évaporation de ces éléments (cf. chap. Ier). On peut cependant comparer des éléments légers dans les météorites à l'hydrogène primordial en prenant le silicium comme élément intermédiaire :

$$\frac{\mathrm{Li}_{\text{météorite}}}{\mathrm{H}_{\text{Soleil}}} = \left(\frac{\mathrm{Li}}{\mathrm{Si}}\right)^{\text{météorite}} \times \left(\frac{\mathrm{Si}}{\mathrm{H}}\right)_{\text{Soleil}} .$$

Nous avons maintenant toutes les données pour tenter d'élaborer la théorie de la formation de ces éléments.

III. – Le rayonnement cosmique galactique, agent de formation des éléments légers

Le rayonnement cosmique galactique pourrait faire à lui seul l'objet d'une monographie. Rappelons simplement que ce rayonnement isotrope constant au cours du temps est constitué de particules rapides (10^6 eV < E < 10^{20} eV) et que sa composition (tableau 8) présente des caractéristiques remarquables : sous-abondance relative de l'hydrogène et de l'hélium par rapport aux éléments plus lourds. Les éléments légers qui, dans les étoiles, présentent le rapport $\frac{\text{LiBeB}}{\text{CNO}}$[1] $= 10^{-5}$, sont dans le rayonnement cosmique galactique dans le rapport $\left(\frac{\text{LiBeB}}{\text{CNO}}\right) = 0{,}23$ (pour une même énergie de ces particules, quelle que soit cette énergie). Les particules du rayonnement cosmique galactique proviennent des vents stellaires et des explosions de supernovae (ou peut-être d'étoiles explosives se rompant complètement). On pense que la source (supernova ou étoile explosive) est enrichie en éléments lourds par rapport à l'hydrogène et l'hélium, mais qu'elle ne contient pas plus d'éléments légers qu'une étoile ordinaire[2]. Les éléments légers du rayonnement cosmique galactique sont dus à l'interaction des carbone, azote et oxygène rapides interagissant avec l'hydrogène interstellaire lors du parcours du

1. Le symbole LiBeB représente la somme des abondances des éléments légers lithium, béryllium et bore et CNO la somme des abondances des éléments carbone, azote et oxygène.

2. Les réactions explosives sont incapables de former les éléments légers, à l'exception du lithium 7 qui peut être synthétisé dans les zones explosives riches en hydrogène et en hélium.

rayonnement cosmique galactique des sources jusqu'à nous. La détermination du rapport $\frac{\text{LiBeB}}{\text{CNO}}$ peut nous donner une idée du parcours moyen du rayonnement cosmique galactique à l'intérieur de la Galaxie. Celui-ci est de 6 $g.cm^{-2}$ environ, soit 4×10^{24} atomes d'hydrogène par centimètre carré. Le rayonnement cosmique galactique a parcouru avant de nous parvenir de 6×10^{28} à 4×10^{25} cm selon la valeur supposée pour la densité interstellaire (0,02 à une particule par centimètre cube). Le temps de parcours est de l'ordre de 5 à 20 millions d'années.

Tableau 8. – **Comparaison entre les abondances universelles et la composition du rayonnement cosmique galactique**
On remarque que le rayonnement cosmique
est relativement plus riche
en éléments lourds et en Li-Be-B

Z	*Composition du rayonnement cosmique galactique*	*Abondance universelle*
H	58 000	300 000
He	3 400	40 000
Li	16	1×10^{-5}
Be	11	5×10^{-7}
B	27	$\simeq 10^{-5}$
C	100	100
N	27	30
O	86	300
Ne	20	30
Mg	21	9
Si	15	10
Fe	11	6

Le rayonnement cosmique galactique contribue de deux façons à l'enrichissement du gaz interstellaire en éléments légers : 1) les protons du rayonnement cosmique galactique frappent les éléments CNO du gaz interstellaire et donnent des éléments LiBeB au repos ; 2) les éléments CNO du rayonnement cosmique rencontrent l'hydrogène du milieu et donnent des éléments LiBeB rapides. Ces éléments LiBeB rapides soit quittent la galaxie, soit sont détruits par les protons du gaz interstellaire, soit se ralentissent et contribuent à l'enrichissement du gaz interstellaire.

Des études météoritiques prouvent que le rayonnement cosmique galactique a été constant pendant toute la vie du système solaire. Des calculs récents qui tiennent compte de cette observation ont montré la validité de l'hypothèse de formation de la plupart des éléments légers[1] par l'irradiation du gaz interstellaire par le rayonnement cosmique galactique.

IV. – **Retour sur la nucléosynthèse primordiale**

Les réactions à haute énergie que nous venons d'évoquer permettent d'expliquer la formation des éléments légers lithium 6, béryllium 9, bore 10 et bore 11. En revanche, elles ne permettent pas d'expliquer la quantité de lithium 7 observée dans les étoiles. En effet, elles conduisent à la création de deux fois plus de lithium 7 que de lithium 6, alors qu'en réalité on observe au moins dix fois plus de lithium 7. La figure 17 est très instructive pour comprendre la formation du lithium 7. Elle présente la mesure de l'abondance de cet élément dans les étoiles en fonction de celle du fer.

1. Le lithium 7 doit être formé à l'origine de l'univers, comme le deutérium et la plus grande partie de l'hélium (chap. Ier).

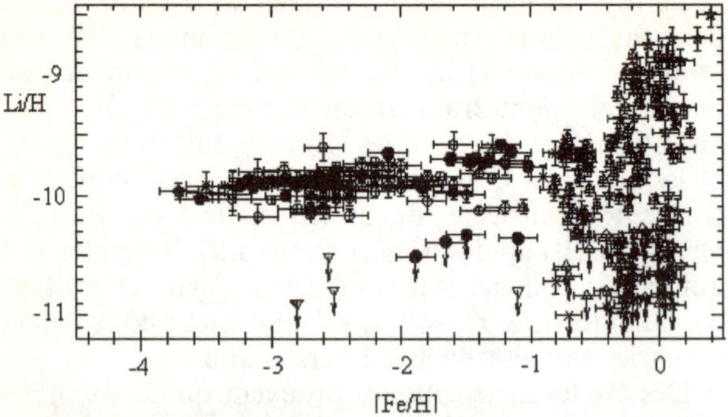

Fig. 17. – Abondances de lithium mesurées dans les étoiles en fonction de leur abondance de fer. L'abscisse [Fe/H] représente la différence entre le rapport du nombre d'atomes de fer au nombre d'atomes d'hydrogène dans l'étoile, et le même rapport dans le Soleil. Par exemple, [Fe/H] = – 4 signifie que, pour le même nombre d'atomes d'hydrogène, il y a 10^{-4} fois moins d'atomes de fer dans l'étoile que dans le Soleil.

L'ordonnée Li/H donne le logarithme de l'abondance de lithium comparée à l'hydrogène : Li/H = – 10 correspond à 10^{-10} fois moins de lithium que d'hydrogène. C'est environ la valeur observée pour les étoiles vieilles. Pour les étoiles jeunes, qui ont plus de fer, l'abondance maximale est plus grande que pour les étoiles vieilles, mais il y a aussi une plus grande dispersion à cause de la destruction progressive du lithium dans certaines étoiles au cours de leur vie.

On constate que, pour les étoiles qui ont peu de fer (donc les étoiles vieilles), l'abondance de lithium reste constante : il s'agit donc du lithium formé dans les tout premiers instants de l'univers, au cours de sa phase primordiale (chap. I, p. 25). En ce qui concerne l'augmentation du lithium dans les étoiles plus jeunes, elle est sans doute due à une formation de cet élément dans les phases avancées de l'évolution stellaire (géantes rouges ou phase dite de « branche asymptotique »), encore mal comprises.

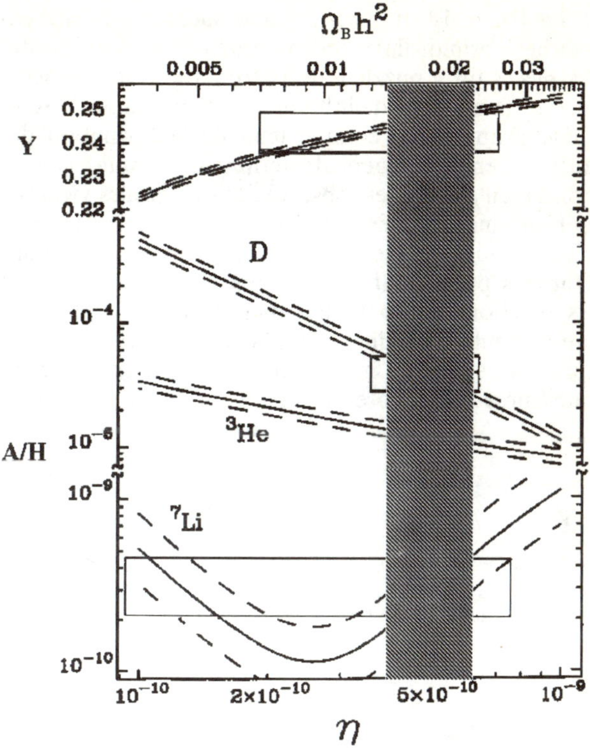

Fig. 18. – Résultats de la nucléosynthèse primordiale. Les courbes représentent les calculs relatifs à la formation des éléments deutérium, hélium 3, hélium 4 et lithium 7 en fonction de la densité nucléaire (actuelle) de l'univers, exprimée de différentes manières. Le paramètre η (abscisse du bas) correspond approximativement au rapport du nombre de protons à celui des photons. La quantité $\Omega_B h^2$ (abscisse du haut) représente, pour une constante de Hubble de 100 km . s^{-1} . Mpc^{-1}, le rapport entre la densité nucléaire actuelle et la densité critique au-delà de laquelle l'univers serait « fermé », c'est-à-dire susceptible de se contracter à nouveau dans le futur. Les observations des abondances « primordiales » de ces éléments conduisent à des valeurs de $\Omega_B h^2$ comprises entre 0,014 et 0,023, ce qui correspond à des valeurs de la densité nucléaire de $2 . 10^{-31}$ g . cm^{-3} environ, soit 100 fois moins que la densité critique : à elle seule, la matière nucléaire ne peut pas empêcher l'univers de se dilater sans arrêt.

La figure 18 montre le grand succès de la nucléosynthèse primordiale, obtenu après avoir réuni toutes les pièces du « puzzle » de la formation des éléments légers : la quantité de lithium prédite par la nucléosynthèse primordiale, compte tenu de la formation des autres éléments légers deutérium et hélium, correspond bien à ce qui est observé dans les étoiles vieilles.

L'origine des éléments légers est donc maintenant bien établie, grâce aux réactions nucléaires dans l'univers primordial, suivies, beaucoup plus tard, par les réactions de spallation dans la matière interstellaire. Seule l'origine partiellement stellaire du lithium 7 est encore mal comprise. Les astrophysiciens nucléaires ont encore du « pain sur la planche » !

Chapitre VI

COSMOCHRONOLOGIES

Au cours des précédents chapitres, nous avons indiqué les processus qui ont permis de former les éléments qui composent l'univers, ainsi que les sites où ces processus ont pu se dérouler. On peut maintenant tenter de déterminer à quelle époque les événements nucléosynthétiques les plus importants ont eu lieu.

L'âge de l'univers peut être déterminé grâce à des techniques purement astrophysiques :

1) Comme nous l'avons vu au chapitre premier, l'univers est en expansion. La vitesse de récession des galaxies est, en première approximation, proportionnelle à leur distance :

$$v = \mathrm{H}.d$$

où H, la « constante de Hubble », a une valeur de l'ordre de 75 $\mathrm{km.s^{-1}.Mpc^{-1}}$ (c'est-à-dire qu'une galaxie située à 1 Mpc, ou 3×10^6 années-lumière, s'éloigne de nous avec une vitesse de 50 à 100 km/s). Si on suppose que la distance actuelle des galaxies est égale à cette vitesse multipliée par l'âge de l'univers, on obtient pour celui-ci :

$$t \text{ (univers)} \approx \frac{1}{\mathrm{H}}$$

soit un âge compris entre 1 et 2×10^{10} ans. En fait, l'âge obtenu de cette manière (encore appelé « temps de Hubble ») représente une limite supérieure de l'âge de l'univers, car il ne tient pas compte du fait que la vitesse de récession des galaxies a augmenté au cours du temps.

2) Les amas globulaires, amas d'étoiles faisant partie du halo galactique (chap. Ier), comprennent les étoiles les plus vieilles de notre Galaxie, qui ont probablement été formées au tout début de l'univers. L'âge de ces amas peut être déterminé grâce à leur diagramme Hertzsprung-Russell et aux calculs d'évolution stellaire. On trouve un âge d'environ 1 à $1{,}5 \times 10^{10}$ ans, ce qui est en bon accord avec le temps de Hubble, même pour les étoiles les plus âgées, lorsque l'on tient compte de l'accélération de l'expansion de l'univers telle que nous l'avons mentionnée page 72.

Nous allons maintenant examiner les divers types de nucléochronologie, c'est-à-dire de datation des événements nucléosynthétiques grâce aux éléments radioactifs.

I. – L'âge du système solaire

Le principe des techniques de nucléochronologie est de mesurer dans les roches terrestres, les échantillons lunaires, les météorites, etc., des rapports d'isotopes qui peuvent être affectés par la désintégration d'un radionuclide (ou noyau radioactif).

On utilise en particulier la détermination de la composition isotopique de l'uranium (les noyaux ^{235}U et ^{238}U ont une durée de vie[1] différente : respectivement

1. On caractérise un noyau radioactif par sa durée de vie τ (temps au bout duquel le nombre de noyaux a diminué d'un facteur $e \simeq 2{,}7$) ou par sa période T (temps au bout duquel le nombre de noyaux a diminué d'un facteur 2). Le lecteur peut calculer que pour un même noyau radioactif, on a :

$$T \simeq 0{,}69\ \tau.$$

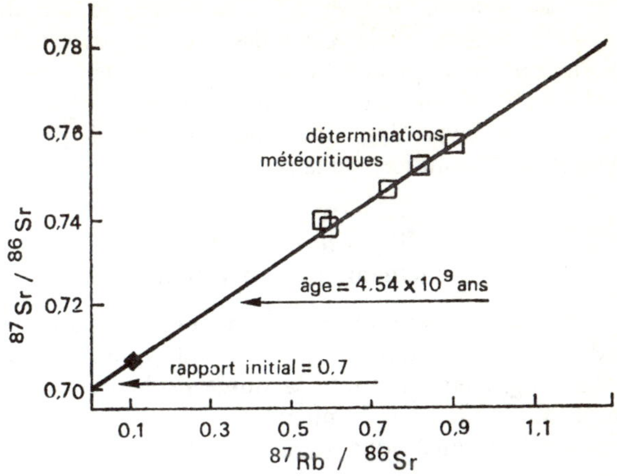

Fig. 19. – Diagramme des rapports $\frac{^{87}\text{Rb}}{^{86}\text{Sr}}$ et $\frac{^{87}\text{Sr}}{^{86}\text{Sr}}$ mesulrés dans six météorites
La pente de la droite donne l'âge du système solaire

10^9 et $6{,}5 \times 10^9$ ans, ou encore celle du plomb qui est affectée directement par la désintégration de ^{235}U et ^{238}U. Une autre méthode consiste à utiliser la teneur relative des roches terrestres et des météorites en ^{86}Sr, ^{87}Sr et ^{87}Rb qui a une durée de vie $t = 6.8 \times 10^{10}$ ans et qui se désintègre en ^{87}Sr. La figure 19 montre le diagramme que l'on peut construire du rapport ^{87}Sr/^{86}Sr fonction du rapport ^{87}Rb/^{86}Sr déterminés dans différents échantillons terrestres ou météoritiques. Ces valeurs déterminées expérimentalement se rangent suivant une droite. On démontre que la pente de cette droite est égale à $\exp\left(\frac{t_\odot}{\tau} - 1\right)$ où $t_\odot$ représente l'âge du système solaire et τ la durée de vie du noyau radioactif ^{87}Rb. Connaissant τ on détermine de façon très précise l'âge du système solaire $t_{\odot} = 4{,}54 \times 10^9$ ans. Cet âge ainsi obtenu est en excellent accord avec l'âge du Soleil déterminé par la théorie de l'évolution stellaire.

II. – Chronologie des événements nucléosynthétiques

On peut comprendre intuitivement que les radionuclides à longue période (supérieure à 10^9 ans) peuvent nous renseigner sur toute la durée de la nucléosynthèse, alors que les radionuclides à courte période (inférieure à 10^8 ans) nous donnent des informations sur les derniers processus nucléosynthétiques qui ont influencé le système solaire.

1. **Radionuclides à longue période.** – Le temps qui s'est écoulé depuis l'origine de l'univers jusqu'à nos jours peut être divisé en plusieurs périodes (fig. 20) : le temps T entre le début de l'univers et l'époque où le nuage de gaz qui deviendra système solaire s'est séparé du gaz galactique (T représente la durée totale de la nucléosynthèse qui a influencé le système solaire) ; le temps Δ entre la séparation du nuage présolaire et la solidification des planètes et des météorites ; et enfin. le temps t_s entre la solidification du système solaire et l'époque actuelle.

Considérons un processus particulier, par exemple le processus « r ». L'activité nucléosynthétique de ce processus, qui dépend du taux d'explosion de supernovae au cours du temps, peut être représentée par une fonction $p(\mathrm{T})$, entre l'âge 0 et l'âge T, fin de la nucléosynthèse pour le système solaire.

On peut considérer que les éléments « r » ont été formés en moyenne à une époque $\bar{\tau}$, qui serait égale à T/2 si p(T) était constante au cours du temps. Si l'activité nucléosynthétique du processus « r » était plus grande au début de l'univers que maintenant, alors $0 < \bar{\tau} < \frac{T}{2}$. Dans le cas contraire, on aurait $\frac{T}{2} < \bar{\tau} < T$. Ce dernier cas est exclu par les observations de la variation de l'abondance des métaux avec l'âge des étoiles (chap. VII) (fig. 20).

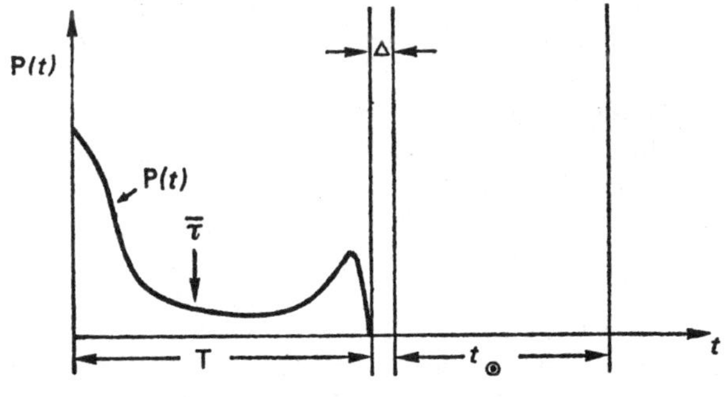

Fig. 20. – Schéma montrant la signification des notations employées. $p(t)$ représente le taux de nucléosynthèse à partir de $t = 0$ jusqu'au temps T où se produit la séparation du présystème solaire de l'environnement galactique. Il s'écoule ensuite un temps Δ entre cette séparation et la solidification du système solaire, puis un temps $t_\odot \simeq 4.5 \times 10^9$ ans jusqu'à l'époque actuelle. τ représente l'âge moyen des éléments « r ».

En fait, les rapports d'abondance de noyaux radioactifs à longue période nous renseignent sur le temps écoulé entre leur formation (époque $\bar{\tau}$) et l'époque de solidification du système solaire. Ils permettent de déterminer la quantité :

$$T' = T + \Delta - \bar{\tau}.$$

En supposant Δ petit, et en utilisant la relation $0 < \bar{\tau} < \frac{T}{2}$, on en déduit une valeur approximative de l'âge de l'univers, comprise entre T′ et 2T′. On pourrait obtenir une valeur plus précise si on connaissait la variation de P(t). On ne peut en fait que faire des hypothèses sur cette variation.

La paire d'isotopes ^{187}Re/^{187}Os, par exemple, peut être utilisée pour ce genre de calculs, car ^{187}Re a une durée de vie de $4{,}3 \times 10^{10}$ ans. On en déduit que l'âge de l'univers est compris entre 8 et 15×10^{9} ans.

2. **Radionuclides à courte période.** – Les rapports de radionuclides à courte période nous permettent de détermines le temps Δ qui s'est écoulé depuis la séparation du système solaire jusqu'à sa solidification. On se fonde actuellement sur deux séries d'expériences :

a) Détermination de la composition isotopique du xénon. – Plusieurs isotopes du xénon sont les « enfants » de radionuclides à courte période : ^{149}Xe provient de la désintégration de ^{129}I (période de $1{,}7 \times 10^{7}$ ans) alors que la désintégration de ^{224}Pu (période de $8{,}2 \times 10^{4}$ ans) produit ^{133}Xe, ^{134}Xe et ^{136}Xe.

L'étude comparée de $^{129}\text{I} \rightarrow {}^{129}\text{Xe}$ et de ^{127}I (stable) dans les météorites conduit à une évaluation de Δ de l'ordre de 1 à 2×10^{8} ans. Cette évaluation de Δ varie peu d'une météorite à l'autre, ce qui montre que les météorites se sont solidifiées « au même moment » (dans un intervalle de 14×10^{6} ans). En fait, dans une même météorite, on peut trouver des variations des rapports isotopiques aussi importantes que d'une météorite à l'autre : les météorites sont des ensembles complexes de minéraux qui ont des histoires différentes.

La détermination des rapports isotopiques de ^{130}Xe, ^{132}Xe et ^{134}Xe permet de déduire le rapport initial $^{244}Pu/^{238}U$. On trouve par cette méthode un temps Δ en très bon accord avec le précédent. Des astrophysiciens (dont H. Reeves) ont remarqué que ce temps, de l'ordre de 10^8 ans, correspond au temps qui s'écoule entre deux passages d'une étoile à travers des bras spiraux de notre Galaxie. Ceci est peut-être plus qu'une coïncidence, puisqu'il existe dans les bras spiraux une activité nucléosynthétique intense qui n'existe pas dans les zones intermédiaires.

b) Anomalies d'abondance de magnésium dues à la désintégration de ^{26}Al. – Des anomalies de magnésium ont été observées dans les inclusions riches en aluminium de la météorite *Allende* tombée au Mexique en 1969. Ces surabondances de ^{26}Mg proviennent de la désintégration de ^{26}Al ($\tau = 7,4 \times 10^5$ ans). Les mesures montrent que cet isotope de l'aluminium a été formé quelque 10^6 ans avant la solidification du système solaire, probablement au cours de l'explosion d'une (ou plusieurs) supernovae. On trouve donc ici un temps très différent de celui obtenu par la « xénologie », ce qui tend à prouver que la formation du système solaire s'est produite de façon complexe. On pense actuellement, soit qu'elle a pu être induite par l'explosion d'une supernova, soit qu'elle s'est produite dans un environnement comprenant de nombreuses autres étoiles, certaines de celles-ci explosant comme supernovae.

En conclusion, les techniques de nucléochronologie fournissent une valeur précise de l'âge du système solaire ($t = 4,54 \times 10^9$ ans), et une valeur de l'âge de l'univers comprise entre 8 et 15×10^9 ans. D'après les éléments « r », on déduit un temps de formation du système solaire de l'ordre de 10^8 ans. Par contre, l'enrichissement relatif en ^{26}Mg (dû à la désintégration de ^{46}Al) remarqué dans certaines phases minérales d'*Allende* montre qu'il ne s'est écoulé que quelques millions d'années entre la synthèse de ^{26}Al dans une ou plusieurs supernova(e) et la formation du système solaire. Soit les supernovae responsables de la nucléosynthèse du processus *r* et de ^{26}Al sont différentes, soit la formation du système solaire est un événement très complexe pour lequel d'autres mesures de nucléochronvlogie sont encore nécessaires.

Chapitre VII

L'ÉVOLUTION CHIMIQUE DES GALAXIES

Les précédents chapitres ont été consacrés à définir les différents processus nucléosynthétiques susceptibles d'expliquer la formation des éléments chimiques ainsi qu'à indiquer les régions où ils se produisent. Pour terminer cette brève introduction à l'astrophysique nucléaire, décrivons l'évolution de la composition de la matière au cours du temps écoulé depuis le début de l'univers ou la formation des galaxies jusqu'à maintenant.

I. – Les observations

Les données observationnelles à expliquer sont les suivantes :

1) La quasi-uniformité de l'abondance de l'hélium (^{4}He) qui a la valeur « canonique » 0,10 relativement à l'hydrogène. La seule variation remarquable par rapport à cette valeur semble être une légère déficience de cette abondance d'un facteur 20-25 % dans les galaxies irrégulières comme les nuages de Magellan. Ce sont des galaxies plus riches que la nôtre en gaz interstellaire mais aussi plus pauvres en éléments lourds par des facteurs de l'ordre de 50 à 80 %.

2) La présence en abondance assez élevée du deutérium ($D/H \simeq 2\ 10^{-5}$), qui est l'élément le plus facilement détruit à l'intérieur des étoiles.

3) En ce qui concerne les éléments plus lourds, les corrélations sont les suivantes :

a) On distingue grossièrement deux grandes catégories d'étoiles dans les galaxies : les étoiles de population I, qui se trouvent localisées dans le disque de la Galaxie et qui ont des abondances en éléments lourds proches de la valeur solaire. Ces étoiles sont relativement « jeunes » (moins de 10 milliards d'années). Les étoiles dites de population II sont plus âgées (plus de 10 milliards d'années), se trouvent surtout dans la centaine d'amas globulaires qui gravitent dans le halo de la Galaxie autour du centre de celle-ci. Leur abondance en « métaux » est généralement inférieure à 10 % de la valeur du système solaire mais on doit noter que l'on n'a pas encore observé d'étoiles constituées uniquement, d'hydrogène et d'hélium.

b) Il apparaît donc au début de l'évolution de la Galaxie un enrichissement rapide en métaux qui correspond à l'isolement et l'aplatissement du disque galactique. Cet enrichissement au cours du temps n'est pas identique pour tous les éléments chimiques : certains d'entre eux comme ^{13}C, ^{14}N ou les éléments *s* semblent avoir un enrichissement plus prononcé au cours du temps : leur sous-abondance dans les étoiles vieilles (par rapport aux abondances solaires) est beaucoup plus accentuée que celle observée pour des éléments comme l'oxygène ou le fer.

c) On observe une corrélation entre la teneur relative en gaz interstellaire et l'abondance en éléments lourds. Les galaxies dont la teneur en gaz est la plus importante, comme les galaxies irrégulières, sont aussi celles qui sont les plus déficientes en métaux. D'autre part, dans notre Galaxie et dans les galaxies spirales relativement proches de la nôtre, comme Andromède, on observe que la teneur en éléments plus lourds que l'hélium augmente sensiblement par des facteurs de l'ordre de 3 pour l'oxygène à 10 pour l'azote à mesure que l'on se rapproche du centre de la Galaxie. Cet effet est également lié à la teneur en gaz qui décroît des zones extrêmes vers les zones les plus internes de la galaxie.

II. – Caractéristiques de l'évolution chimique des galaxies

Les observations précédentes se comprennent simplement de façon qualitative ; on peut supposer en première approximation que les galaxies n'étaient constituées que de gaz au moment où elles se sont formées il y a dix à quinze milliards d'années et que, à partir de ce gaz, des générations successives d'étoiles se sont formées, ont évolué et l'ont contaminé en éléments lourds. Dans la mesure où, à la fin de son évolution, une étoile ne retourne pas entièrement au gaz interstellaire mais laisse un reste (naine blanche ou noire, étoile à neutrons ou trou noir), on comprend bien pourquoi la teneur en gaz décroît au cours du temps jusqu'à devenir négligeable dans les galaxies elliptiques (< 1 % de la masse totale comme dans le centre de notre Galaxie, à comparer à une teneur de l'ordre de 10 % dans le voisinage du système solaire). En revanche, il est plus difficile de comprendre pourquoi la teneur en éléments lourds reste pratiquement invariable après une brusque augmentation qui correspond aux premières phases de l'évolution galactique (fig. 21). Il faut comprendre aussi pourquoi le nombre d'étoiles ayant des abondances « métalliques » faibles est bien inférieur au nombre d'étoiles ayant des abondances métalliques comparables à celle du Soleil.

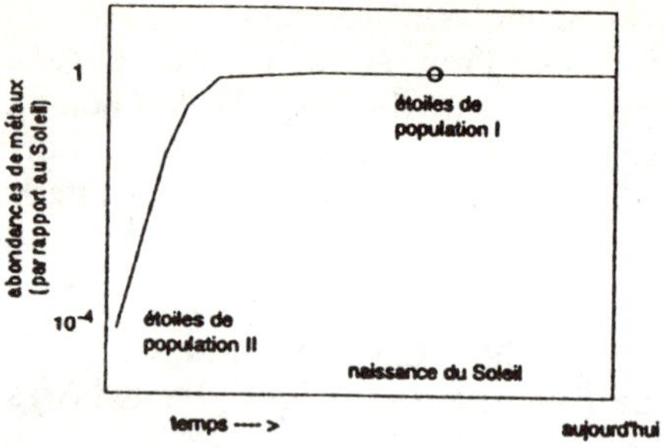

Fig. 21. – Schéma montrant l'évolution de l'abondance des éléments lourds (métaux) au cours du temps dans notre galaxie. Les étoiles de population II (du « halo ») ont des métallicités de l'ordre de 10^{-4} à 10^{-2} par rapport au Soleil (aucune étoile de métallicité nulle n'a encore été découverte), alors que toutes les étoiles de population I d'âge compris entre ~ 1 et 15 × 10^9 ans ont une métallicité comprise entre 0,3 et 3 unités solaires.

III. – Les modèles d'évolution galactique

Pour expliquer de façon un peu plus quantitative ces caractéristiques observationnelles, certains astrophysiciens ont cherché à construire des modèles. Les ingrédients ou paramètres qui entrent dans ces modèles sont les suivants :

1) Le taux de formation d'étoiles est une fonction qui peut dépendre de beaucoup de facteurs. Mais la fonction la plus simple que l'on puisse utiliser (appelée loi de Schmidt) est un taux proportionnel à la densité de gaz interstellaire (ou à une fonction en loi de puissance de cette densité).

2) Dans la mesure où l'activité nucléosynthétique (comme la durée de vie) d'une étoile dépend de sa masse (fig. 22), à savoir que les étoiles les plus massives, qui durent le moins longtemps (durée de vie pro-

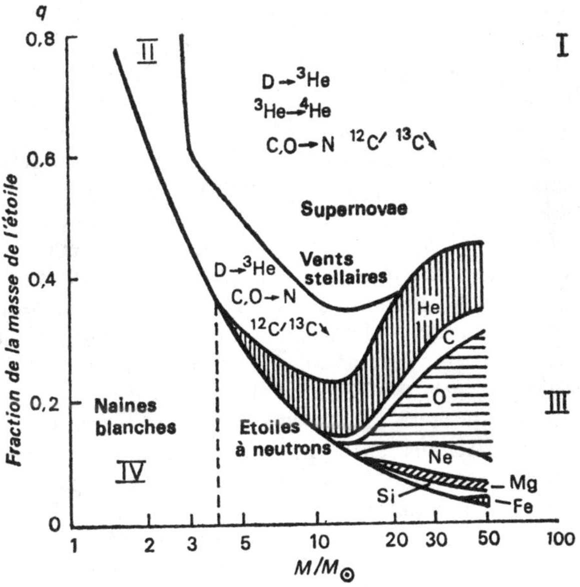

Fig. 22. – Schéma très approximatif des fractions q de masse d'étoile constituées d'éléments chimiques différents au moment où cette matière retourne au milieu interstellaire *via* le phénomène de nébuleuse planétaire, de vent stellaire ou d'explosion de supernova. Les zones I et II conservent pratiquement la composition originelle de l'étoile, mis à part la transformation de D et ^{3}He dans les deux zones et de ^{3}He en ^{4}He dans la zone I, ainsi que la transformation de ^{12}C et ^{16}O en ^{14}N et l'enrichissement en ^{13}C.

Dans la zone III, l'hélium et les éléments lourds produits par la nucléosynthèse stellaire « contaminent » le milieu interstellaire ; « Si » se rapporte aux éléments de Si à Ca et « Fe » aux éléments du pic du fer. La matière de la zone IV reste « fossilisée » sous forme de naine blanche, d'étoile à neutrons ou de trous noirs.

portionnelle à m^{-3}), sont aussi celles qui rejettent la plus grande proportion d'éléments lourds, on doit connaître la distribution des étoiles formées en fonction de leur masse. Cette distribution[1] $\Phi(m)$ est généralement prise de la forme $\Phi(m) \propto m^{-x}$ où $x \sim 1{,}5$ (relation de Salpeter). Elle indique simplement qu'il se forme un nombre plus grand d'étoiles de faible masse que d'étoiles massives.

À partir de ces deux fonctions on peut en principe construire un modèle d'évolution chimique de la Galaxie. Le modèle le plus simple, qui ne s'applique qu'à une région qui n'échange pas de matière avec l'extérieur, adopte ces deux relations qui sont supposées ne pas dépendre du temps. Il suppose en outre qu'au début de la Galaxie, la matière était entièrement sous forme de gaz ayant une abondance métallique nulle et que la durée de vie des étoiles est courte par rapport au temps caractéristique de transformation du gaz interstellaire en étoiles. dette dernière hypothèse dite du recyclage instantané ne s'applique pas bien aux régions pauvres en gaz, ni aux éléments dits secondaires (^{13}C, ^{14}N, éléments *s* par exemple) qui proviennent de la transformation d'éléments préexistants comme C, O, ou Fe (dits primaires parce que créés dans les premières générations d'étoiles) dans des étoiles de faible masse.

Ce modèle « simple » reproduit bien la montée de l'abondance des métaux au cours du temps. En revanche, il n'explique pas la faible variation des abondances des éléments lourds pour les étoiles du disque ayant des âges différents, ni le faible nombre relatif d'étoiles de métallicité faible.

Pour tenter de résoudre ces difficultés, les spécialistes ont proposé différents modèles pour lesquels l'une, ou plusieurs, des hypothèses adoptées par le modèle « simple » est abandonnée. Parmi ces modèles, citons :

1. C'est-à-dire le nombre d'étoiles ayant une masse *m*.

1) les modèles où l'on suppose que la distribution des étoiles suivant leur masse était plus riche dans le passé en étoiles de grande masse ; ce qui a pour effet d'augmenter l'enrichissement en métaux au tout début de l'évolution de la Galaxie ; 2) les modèles où l'on suppose qu'il y eut au début de cette évolution une première génération d'étoiles très massives qui contamine rapidement le milieu interstellaire en éléments lourds, ces modèles conduisent aux mêmes conclusions que les précédentes ; 3) les modèles où l'on suppose que le taux de formation d'étoile dépend de l'abondance en métaux du gaz interstellaire ; 4) les modèles où l'on suppose que la région considérée n'est pas isolée et qu'elle reçoit continuellement du gaz intergalactique de métallicité négligeable. Ces modèles expliquent bien la quasi-constance de la métallicité des étoiles du disque ; 5) les modèles où l'on suppose qu'à mesure que les éléments lourds sont rejetés dans le milieu interstellaire ils disparaissent en formant des corps solides massifs (comètes...) invisibles ou encore qu'ils sont « avalés » par les étoiles massives qui évoluent vers un trou noir.

Comme on le voit, l'évolution chimique des galaxies constitue un problème encore mal défini et pour lequel il n'existe pas encore de solution vraiment satisfaisante. Malgré ces inconvénients, ce problème est très intéressant parce qu'il oblige le spécialiste qui s'y confronte à utiliser l'ensemble des données de l'astrophysique observationnelle et toutes les ressources de l'astrophysique nucléaire. D'autre part, il est à l'origine de progrès considérables sur des questions aussi importantes que l'hydrodynamique de la formation des galaxies et des étoiles, ou les modèles d'évolution de luminosité ou de couleur de régions galactiques. Du point de vue observationnel, on assiste à une récolte de données importantes concernant par exemple la teneur en hydrogène atomique (ou la densité en gaz interstellaire) par l'observation de la raie 21 cm de l'hydrogène neutre, les rapports isotopiques de nombreux éléments (H, C, N, O, S...) à partir des observations des molécules interstellaires dans le domaine millimétrique, la proportion relative d'étoiles de grande masse par les observations en ultraviolet ou dans l'infrarouge lointain (les émissions dans ce domaine de longueur d'onde sont dues à la poussière interstellaire chauffée par les étoiles de grande masse), ou encore l'observation en optique des raies de l'oxygène, de l'azote, du soufre ionisé dans les régions d'hydrogène ionisé des galaxies, ce qui a permis de découvrir l'augmentation de la métallicité dans les régions internes des galaxies spirales proches...

CONCLUSION

Les travaux de la physique nucléaire associée à l'astrophysique ont fourni la solution de nombreux problèmes que se posait l'humanité depuis qu'elle observe le monde dans lequel elle vit et qu'elle cherche à le comprendre.

L'astrophysique nucléaire permet en particulier de répondre aux questions suivantes :

1 / l'origine des éléments chimiques qui forment la matière de l'univers ;
2 / l'histoire de la matière qui constitue l'univers depuis les phases primordiales responsables de la formation du deutérium et de l'hélium jusqu'aux supernovae responsables de la formation de la plupart des éléments lourds ;
3 / l'origine des quantités d'énergie formidables libérées par le Soleil et les étoiles.

Les recherches de l'astrophysique nucléaire ne sont pas arrivées (heureusement !) à leur terme. Par exemple, les découvertes récentes de composition isotopique « anormales » dans certaines météorites et dans le rayonnement cosmique ne sont pas encore comprises. On connaît encore bien mal l'évolution chimique de la Galaxie, la cosmochronologie, les relations entre la matière et l'antimatière, la formation des éléments lourds dont le noyau est particulièrement riche en protons (éléments *p*) ou en neutrons (éléments *r*). L'histoire du système solaire reste encore mystérieuse sous bien des aspects.

Les stades consécutifs à l'explosion d'une supernova : pulsars (étoiles à neutrons) et gaz « rémanent » (gaz éjecté au cours de l'explosion) présentent encore de nombreuses difficultés que les astrophysiciens vont s'attacher à éclaircir dans les années prochaines.

Comme nous l'avons vu au cours de ce bref exposé, les échanges entre la physique nucléaire et l'astrophysique ne sont pas à sens unique :

La physique nucléaire permet de résoudre de nombreuses questions d'astrophysique (prédominance du pic du fer, pentes différentes dans la courbe d'abondances, débits d'énergie...). De la même façon, l'astrophysique fait progresser la physique nucléaire dans de nombreuses directions : des niveaux d'énergie d'un grand nombre de noyaux, en particulier du carbone et de l'oxygène, ont été prévus par les astrophysiciens. La recherche des éléments superlourds a été inaugurée également par l'astrophysique. Enfin, l'intérieur des étoiles constitue des accélérateurs naturels très puissants qui produisent des réactions quasiment impossibles à, réaliser en laboratoire et qui en permettent ainsi l'étude en faisant l'économie de dépenses énormes. Rappelons, par exemple, la réaction de l'hydrogène sur lui-même.

Ces deux sciences, dont l'une étudie l'infiniment petit et l'autre l'infiniment grand, concourent à la connaissance du monde dans lequel vit l'homme.

Loin d'être au bout de ses découvertes, l'astrophysique nucléaire est une discipline scientifique en pleine expansion.

BIBLIOGRAPHIE

Arnett (W. D.), *Supernovae and nucleosynthesis*, Princeton Unversity Press, 1996.

Audouze (J.), *Aujourd'hui l'univers*, Belfond, 2e éd., 1989.

Audouze (J.), *L'Univers* (« Que sais-je ? », n° 687), PUF, 2e éd., 2000.

Audouze (J.), Chièze (J.-P.), *Enquête sur l'univers*, Nathan, 1990.

Audouze (J.), Israël (G.) (et coll.), *Le Grand Atlas d'astronomie*, Encyclopedia Universalis, 1983 et éditions successives révisées.

Audouze (J), Musset (P), Paty (M.) (et coll.), *Les particules et l'univers*, PUF, 1990.

Cassé (M.), *Nostalgie de la lumière*, Belfond, 1987.

Cassé (M.), *Généalogie de la matière*, Odile Jacob, 2000.

Prantzos (N.) et Montmerle (T.), *Naissance, vie et mort des étoiles*, PUF, « Que sais-je ? », 1998.

Reeves (H.), *Patience dans l'azur*, Le Seuil, 1981 et éditions successives.

Reeves (H.), *Dernières nouvelles du cosmos*, Le Seuil, 1994.

Silk (J.), *Le Big Bang*, Odile Jacob, 1997.

Vauclair (S.), *Éléments de physique statistique : hasard, organisation, évolution*, Interéditions, 1993.

Vauclair (S.), *La symphonie des étoiles*, Albin Michel, « Sciences », 1997.

Vauclair (S.), *La chanson du soleil*, Albin Michel, « Sciences », 2002.

TABLE DES MATIÈRES

Imprimé en France
par Vendôme Impressions
Groupe Landais
73, avenue Ronsard, 41100 Vendôme
Septembre 2003 — N° 50 354

B.M
SÈVRES